从 零 开始

·中文版·

Dreamweaver CS4

基础培训教程

 老虎工作室

王君学 姜建秋 王刚 编著

人民邮电出版社

北 京

图书在版编目（CIP）数据

Dreamweaver CS4中文版基础培训教程 / 王君学，姜
建秋，王刚编著. -- 北京：人民邮电出版社，2010.7
（从零开始）
ISBN 978-7-115-22815-4

Ⅰ. ①D… Ⅱ. ①王… ②姜… ③王… Ⅲ. ①主页制
作－图形软件，Dreamweaver CS4－技术培训－教材 Ⅳ.
①TP393.092

中国版本图书馆CIP数据核字(2010)第081416号

内 容 提 要

本书结合实例讲解 Dreamweaver CS4 应用知识，重点培养读者的网页制作技能，提高解决实际问题的能力。

全书共 12 讲，主要内容包括网页制作基础、创建站点、使用文本和图像、创建超级链接、使用 CSS 样式和 Div 标签、使用表格和 Spry 布局构件、使用 AP Div 和框架、使用库和模板、使用行为和媒体、使用表单、创建 ASP 应用程序和发布站点等。

本书可作为网页设计与制作培训班的教材，也可作为网页设计与制作相关人员及高等院校相关专业学生的自学用书。

从零开始——Dreamweaver CS4 中文版基础培训教程

◆ 编　著　老虎工作室　王君学　姜建秋　王　刚
　　责任编辑　李永涛

◆ 人民邮电出版社出版发行　　北京市崇文区夕照寺街 14 号
　　邮编　100061　电子函件　315@ptpress.com.cn
　　网址　http://www.ptpress.com.cn
　　聚鑫印刷有限责任公司印刷

◆ 开本：787×1092　1/16
　　印张：15
　　字数：399 千字　　　　　　　2010 年 7 月第 1 版
　　印数：1 – 4 000 册　　　　　 **2010 年 7 月河北第 1 次印刷**

ISBN 978-7-115-22815-4

定价：29.00 元（附光盘）

读者服务热线：**(010)67132692**　印装质量热线：**(010)67129223**
反盗版热线：**(010)67171154**

老虎工作室

主　编：沈精虎

编　委：许曰滨　黄业清　姜　勇　宋一兵　高长铎
　　　　田博文　谭雪松　向先波　毕丽蕴　郭万军
　　　　宋雪岩　詹　翔　周　锦　冯　辉　王海英
　　　　蔡汉明　李　仲　赵治国　赵　晶　张　伟
　　　　朱　凯　臧乐善　郭英文　计晓明　孙　业
　　　　滕　玲　张艳花　董彩霞　郝庆文　田晓芳

关于本书

Dreamweaver CS4 是一款专业的网页设计与制作软件，主要用于网站、网页和 Web 应用程序的设计与开发。Dreamweaver 的每次版本升级都能带来先进的设计理念和优秀的设计方法，因此，Dreamweaver 在网页设计与制作领域得到了众多用户的青睐。Dreamweaver 的日益普及与广泛应用不仅提高了网页设计与制作人员的工作效率，而且也把他们从纯 HTML 代码时代解放出来，能够将更多精力投入到提高网页设计质量上。

内容和特点

本书注重培养读者的实践能力，突出实用性，具有以下特色。

在编排方式上充分考虑课程教学的特点，每一节基本上是按照功能讲解、范例解析、课堂实训的模式组织内容，每讲最后均安排综合实例和课后作业，这样既便于教师在课前安排教学内容，又能实现课堂教学"边讲边练"的教学方式。

在内容组织上尽量本着易懂实用的原则，精心选取 Dreamweaver CS4 的一些常用功能及与网页设计与制作相关的知识作为主要内容，并将理论知识融入大量的实例中，使读者在实际操作过程中逐渐地掌握理论知识，从而提高网页设计与制作的技能。

在实例选取上力争满足形式新颖的要求，在文字叙述上尽量做到言简意赅、重点突出，需要学生知道但又不是重点的内容一带而过，需要学生深入掌握的内容详细介绍。

全书分为 12 讲，大致内容介绍如下。

- 第 1 讲：介绍基本概念、网页制作软件和 Dreamweaver CS4 基本界面等。
- 第 2 讲：介绍创建和编辑站点的方法。
- 第 3 讲：介绍使用文本和图像的方法。
- 第 4 讲：介绍创建超级链接的方法。
- 第 5 讲：介绍使用 CSS 样式和 Div 标签设计网页的方法。
- 第 6 讲：介绍使用表格和 Spry 布局构件布局网页的方法。
- 第 7 讲：介绍使用 AP Div 和框架布局网页的方法。
- 第 8 讲：介绍使用库和模板统一网页外观的方法。
- 第 9 讲：介绍使用行为和媒体完善网页功能的用法。
- 第 10 讲：介绍使用表单设计交互式网页的方法。
- 第 11 讲：介绍在可视化环境下创建 ASP 应用程序的方法。
- 第 12 讲：介绍配置 IIS 服务器和发布站点的方法。

读者对象

本书将 Dreamweaver CS4 的基础知识与典型实例相结合，条理清晰，讲解透彻，易于掌握，可作为各类网页设计与制作培训班的教材使用，也可供广大网页设计与制作人员及高等院校相关专业学生的自学用书。

附盘内容

本书所附光盘内容包括：范例解析、课堂实训、综合案例、课后作业和 PPT 课件等。

1. **范例解析**

本书所有范例解析用到的素材都收录在附盘的"\范例解析\素材\第×讲"文件夹下，所有范例解析的结果文件都收录在附盘的"\范例解析\结果\第×讲"文件夹下。

2. **课堂实训**

本书所有课堂实训用到的素材都收录在附盘的"\课堂实训\素材\第×讲"文件夹下，所有课堂实训的结果文件都收录在附盘的"\课堂实训\结果\第×讲"文件夹下。

3. **综合案例**

本书所有综合案例用到的素材都收录在附盘的"\综合案例\素材\第×讲"文件夹下，所有综合案例的结果文件都收录在附盘的"\综合案例\结果\第×讲"文件夹下。

4. **课后作业**

本书所有课后作业用到的素材都收录在附盘的"\课后作业\素材\第×讲"文件夹下，所有课后作业的结果文件都收录在附盘的"\课后作业\结果\第×讲"文件夹下。

5. **PPT 课件**

本书所有 PPT 课件都收录在附盘的"\PPT 课件"文件夹下。

注意：播放文件前要安装光盘根目录下的"tscc.exe"插件。

感谢您选择了本书，也欢迎您把对本书的意见和建议告诉我们。

老虎工作室网站 http://www.laohu.net，电子函件 postmaster@laohu.net。

老虎工作室

2010 年 5 月

目 录

网页制作基础

因特网的应用日益广泛，人们使用因特网的主要途径是浏览网页。本讲将介绍关于网页的基础知识以及网页制作软件 Dreamweaver CS4 的工作界面。本讲课时为 3 小时。

学习目标

◆ 了解一些与网页相关的基本概念。

◆ 了解网页的内容元素和编辑软件。

◆ 了解Dreamweaver的发展历程。

◆ 认识Dreamweaver CS4的工作界面。

◆ 了解网站建设的基本流程。

1.1 基本概念

首先介绍因特网的基本概念。

1.1.1 Internet 和 WWW

Internet，即因特网，又称环球网，不是指单个区域范围内的网络，而是指各种不同类型的计算机网络连接起来的全球性网络。WWW 是 "World Wide Web" 的缩写，也可简称为 Web，中文名为 "万维网"，是在因特网基础上发展起来的一种新技术。平时人们上网，基本上是使用 "万维网"。

1.1.2 浏览器和 URL

浏览器是一个用于与互联网中的服务器建立连接并与之进行通信的客户端程序。常见的浏览器有 Internet Explorer、Firefox 等，国内厂商开发的浏览器，如腾讯 TT 浏览器、遨游浏览器（Maxthon Browser）也比较常用。当使用浏览器访问网站的时候，都要在浏览器的地址栏中输入网站的地址，如图 1-1 所示，这就是 URL。URL 为 "Uniform Resource Locator" 的缩写，通常译为 "统一资源定位器"，它主要用于指定互联网上资源的位置。

图1-1　URL

1.1.3　HTML 和 CSS

　　HTML 是 HyperText Markup Language 的缩写，通常译为超级文本标记语言，是一种用来制作网络中超级文本文档的简单标记语言。严格来说，HTML 语言并不是一种编程语言，只是一些能让浏览器识别的标记。当用户浏览 WWW 上包含 HTML 语言标签的网页时，浏览器会"翻译"由这些 HTML 语言标签提供的网页结构、外观和内容等信息，并按照一定的格式在屏幕上显示出来。

　　CSS 是 Cascading Style Sheet 的缩写，通常译为层叠样式表或级联样式表，是一组格式设置规则，用于控制 Web 页面的外观。通过使用 CSS 样式设置页面的格式，可将页面的内容与表现形式分离。页面内容存放在 HTML 文档中，而用于定义表现形式的 CSS 规则存放在另一个独立的样式表文件中或 HTML 文档的某一部分，通常为文件头部分，如图 1-2 所示。将内容与表现形式分离，不仅可使维护站点的外观更加容易，而且还可以使 HTML 文档代码更加简练，缩短浏览器的加载时间。

图1-2　HTML 和 CSS

1.1.4　网页和网站

　　在浏览器的地址栏输入网址后所能看到的页面就是网页，网页是构成网站的基本元素，是承载各种网站应用的平台。网页文件通常是 HTML 格式，文件扩展名为".html"、".htm"、".asp"、".aspx"、".php"或".jsp"等。网页按表现形式可以分为静态网页和动态网页，按位置可以分为主页和内页。使用 HTML 编写的网页基本上都是静态网页，一般没有交互性；使用 ASP、PHP、JSP 等技术制作的网页基本上都是动态网页，具有较好的交互性，可以收集用户的信息。打开网站时所能看到的第 1 页通常称为主页，与主页关联的页面称为网站的内页。

　　所谓网站，就是指在因特网上，根据一定的规则，使用 HTML 等工具制作的用于展示特定内容的相关网页的集合。人们可以通过网站来发布要公开的资讯，或者利用网站来提供相关的网络服务。人们可以通过网页浏览器来访问网站，获取需要的资讯或者享受网络服务。网站提供的服务通常有网页服务（Web Server）、数据传输服务（FTP Server）、邮件服务（Mail Server）及数据库服务（Database Server）等。网站按其提供的内容通常分为门户网站、职能网站、专业网站和个人网站等。

1.1.5 HTTP 和 FTP

HTTP 是"Hypertext Transfer Protocol"的缩写，译为超文本传输协议，是用于从 WWW 服务器传输超文本到客户端浏览器的传送协议。它不仅保证计算机正确快速地传输超文本文档，还确定传输文档中的哪一部分，以及哪部分内容首先显示等。这就是在浏览器中的网页地址都是以"http://"开头的原因。

FTP 是"File Transfer Protocol"的缩写，译为远程文件传输协议。采用 FTP 可使互联网用户高效地从网上的 FTP 服务器下载大信息量的数据文件，将远程主机上的文件复制到自己的计算机上，以达到资源共享和传递信息的目的。

1.2 网页元素和编辑工具

下面介绍网页元素和常见的网页编辑工具。

1.2.1 网页元素

从网页内容的角度看，网页元素主要是指文本、图像、动画、音频和视频等。其中，文本和图像是构成网页的最基本的元素，如图 1-3 所示。

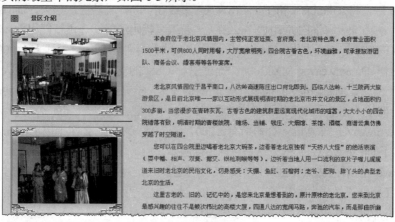

图1-3 文本和图像

文本是网页中的信息主体，能准确地表达信息的内容和含义。图像具有强大的视觉吸引力，在网页中起着非常重要的作用，目前常用的图像格式主要有 GIF 和 JPEG 等。动画比图像更容易吸引浏览者的注意力，常用的动画文件格式主要有 SWF 和 GIF。音频是多媒体网页的重要组成部分，常用的音频格式有 MIDI、WAV 和 MP3 等。视频在互联网上的使用也比较多，用作视频交流或直播，许多电影网站更是如此，常用的视频格式有 RM、WMV、MPEG 和 AVI 等。

1.2.2　网页编辑工具

按工作方式不同，通常可以将网页制作软件分为两类，一类是所见即所得式的网页编辑软件，如 Dreamweaver、FrontPage 等，另一类是直接编写 HTML 源代码的软件，如 Hotdog、Editplus 等，也可以直接使用所熟悉的文字编辑器来编写源代码，如记事本、写字板等，但要保存成网页格式的文件。这两类软件在功能上各有千秋，也都有各自所适应的范围。不过，Dreamweaver 因其功能全面、操作简单灵活，特别是能够可视化创建带有后台数据库的应用程序，因而受到网页制作人员的青睐，并成为网页制作软件领域中的佼佼者。

由于网页元素的多样化，要想制作出精致美观、丰富生动的网页，单纯依靠一种软件是不行的，往往需要多种软件的互相配合，如网页制作软件 Dreamweaver，图像处理软件 Fireworks 或 Photoshop，动画创作软件 Flash 等。作为一般网页制作人员，掌握这 3 种类型的软件，就可以制作出精美的网页。

1.3　认识 Dreamweaver CS4

下面介绍 Dreamweaver 的发展历程，Dreamweaver CS4 的工作界面以及设置首选参数的方法。

1.3.1　Dreamweaver 的发展历程

Dreamweaver 是美国 Macromedia 公司于 1997 年开发的集网页制作和网站管理于一身的所见即所得式的网页编辑器。2000 年推出的 Dreamweaver UltraDev 版本是第一个专门为商业用户设计的开发工具，Dreamweaver 也成为专业网站外观设计的先驱。2002 年 5 月，Macromedia 推出 Dreamweaver MX，将 UltraDev 和 Dreamweaver 集成在一起，功能更加强大，而且不需要编写代码，就可以在可视化环境下创建应用程序，如果需要编写代码还能够提供智能提示，特别是提供了对微软 ASP.NET 的支持。从此，Dreamweaver 一跃成为专业级别的开发工具。2003 年 9 月，Macromedia 推出 Dreamweaver MX 2004，提供了对 CSS 的支持，促使网页专业人员普遍采用了 CSS。2005 年 8 月，Macromedia 推出 Dreamweaver 8，扩充了以前版本的主要功能，加强了对 XML 和 CSS 的技术支持，并简化了工作流程。2005 年年底，Macromedia 公司被 Adobe 公司并购，从此，Dreamweaver 归 Adobe 公司所有。2007 年 7 月，Adobe 公司推出 Dreamweaver CS3，2008 年又推出了 Dreamweaver CS4，这是目前最新版本。

Dreamweaver 的最大优点就是可以帮助初学者迅速成长为网页制作高手，同时又能够给专业设计师和开发工程师提供强大的开发工具和无穷的创作灵感。因此，Dreamweaver 备受业界人士的推崇，在众多专业网站和企业应用中都把它列为首选工具。

1.3.2　Dreamweaver CS4 的工作界面

当启动 Dreamweaver CS4 后会显示欢迎屏幕，如图 1-4 所示。通过欢迎屏幕，可以打开文档或创建文档，也可以了解某些相关功能。如果希望在启动 Dreamweaver CS4 软件时不显示欢迎屏幕，选中欢迎屏幕底部的【不再显示】复选框即可。

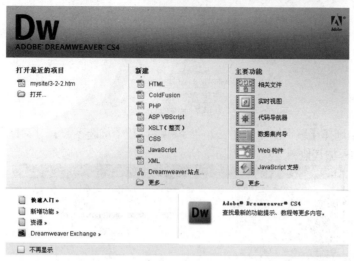

图1-4 欢迎屏幕

在欢迎屏幕中选择【新建】/【HTML】命令，将新建一个文档，此时工作界面如图 1-5 所示。

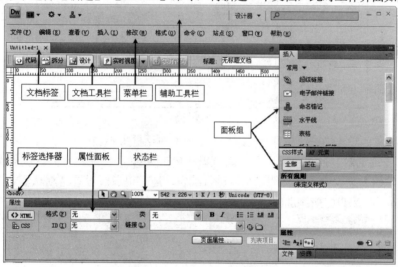

图1-5 Dreamweaver CS4 工作界面

工作界面中各部分的名称已经在图 1-5 中标出，下面着重介绍一下【文档】工具栏、【属性】面板以及面板组中的【插入】面板、【文件】面板。

一、【文档】工具栏

【文档】工具栏如图 1-6 所示，通常可以通过选择菜单命令【查看】/【工具栏】/【文档】来对其进行显示或隐藏。

图1-6 【文档】工具栏

【文档】工具栏左侧显示有 4 个视图按钮。单击 代码 按钮可以显示【代码】视图，用于编写或修改网页源代码；单击 拆分 按钮可以显示【拆分】视图，其中上方为【代码】视图，下方为【设计】视图；单击 设计 按钮可以显示【设计】视图，用于对网页进行可视化编辑；单击 实时视图 按钮可以显示【实时】视图，用于实时预览设计效果。在【标题】文本框中可以输入网页标题，它将显示在浏览器的标题栏中。

在【文档】工具栏中，单击 按钮，将弹出一个下拉菜单，从中可以选择要预览网页的浏览器，如图 1-7 所示。

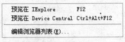

图1-7 选择浏览器

在下拉菜单中选择【编辑浏览器列表】命令，将打开【首选参数】对话框，可以在【在浏览器中预览】分类中添加其他浏览器，如图 1-8 所示。

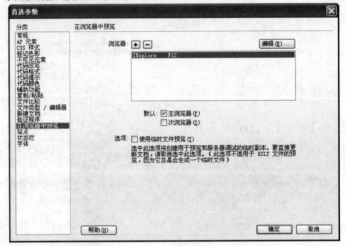

图1-8 添加浏览器

在该对话框中，单击 按钮将打开【添加浏览器】对话框来添加已安装的其他浏览器；单击 按钮将删除在【浏览器】列表中所选择的浏览器；单击 按钮将打开【编辑浏览器】对话框，对在【浏览器】列表中所选择的浏览器进行编辑，还可以通过设置【默认】选项为"主浏览器"或"次浏览器"来设定所添加的浏览器是主浏览器还是次浏览器，如图 1-9 所示。

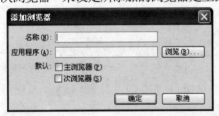

图1-9 添加和编辑浏览器

二、【属性】面板

【属性】面板通常显示在文档窗口的最下面，如果工作界面中没有显示【属性】面板，选择菜单命令【窗口】/【属性】即可将其显示出来。通过【属性】面板可以设置和修改所选对象的属性。选择的对象不同，【属性】面板中的项目也不一样。由于 Dreamweaver CS4 进一步提升了 CSS 规则在网页设计上的应用，因此，在【属性】面板中提供了【HTML】和【CSS】两种类型的属性设置（为了方便叙述，以后简称 HTML【属性】面板和 CSS【属性】面板），如图 1-10 所示。当然，并不是所有对象的【属性】面板都提供这两种类型的属性设置。

图1-10　文本【属性】面板

三、面板组

面板组又称浮动面板,在 Dreamweaver CS4 中使用频率比较高。读者可根据需要显示不同的面板,拖动面板可以脱离面板组,使其停留在屏幕的不同位置。

单击面板组右上角的■■按钮可以将面板折叠为图标,单击■■按钮可以展开面板,如图 1-11 所示。

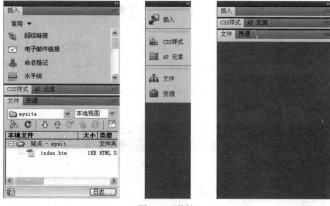

图1-11　面板组

使用鼠标拖动面板标题栏,可以将面板从面板组中拖出来,作为单独的窗口放置在工作界面的任意位置上。同样,也可以将拖出来的面板再拖回默认状态。

四、【插入】面板

【插入】面板位于右侧的面板组中,包含各种类型的对象按钮,单击这些对象按钮,可将相应的对象插入到文档中,如图 1-12 所示。【插入】面板中的按钮被分为 8 个类别,如图 1-13 所示。单击类别名,将在面板中显示相应类别的对象按钮。

图1-12　【插入】面板

图1-13　按钮类别

五、【文件】面板

【文件】面板也位于右侧的面板组中，【文件】面板如图 1-14 所示，其中左图是在 Dreamweaver CS4 中没有创建站点时的状态，右图显示的是创建了站点以后的状态。在【文件】面板中可以创建文件夹和文件，也可以上传或下载服务器端的文件，可以说，它是站点管理器的缩略图。其具体的使用方法将在后续章节中进行介绍。

图1-14 【文件】面板

1.3.3 设置首选参数

在使用 Dreamweaver CS4 制作网页之前，应该根据自己的爱好和实际需要，通过【首选参数】对话框来定义 Dreamweaver CS4 的使用规则。选择菜单命令【编辑】/【首选参数】，弹出【首选参数】对话框，下面对【首选参数】对话框中的常用分类选项进行简要说明。

(1) 【常规】分类。

在【常规】分类中可以定义【文档选项】和【编辑选项】两部分内容，如图 1-15 所示。

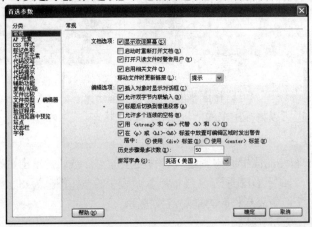

图1-15 【常规】分类

下面对【常规】分类相关选项进行简要说明。

- 【显示欢迎屏幕】：设置 Dreamweaver CS4 启动时是否显示欢迎屏幕，勾选该项将显示，否则将不显示。
- 【允许多个连续的空格】：设置是否允许使用 Space （空格）键来输入多个连续的空格，勾选该项表示可以，否则只能输入一个空格。

(2) 【不可见元素】分类。

在【不可见元素】分类中可以定义不可见元素是否显示，如图 1-16 所示。在选择【不可见元素】分类后，还要确认菜单命令【查看】/【可视化助理】/【不可见元素】已经勾选。在勾选后，包括换行符在内的不可见元素会在文档中显示出来，以帮助设计者确定它们的位置。

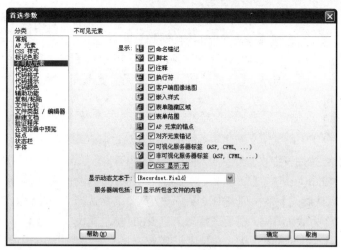

图1-16 【不可见元素】分类

(3) 【复制/粘贴】分类。

在【复制/粘贴】分类中，可以定义粘贴到Dreamweaver CS4文档中的文本格式，如图1-17所示。

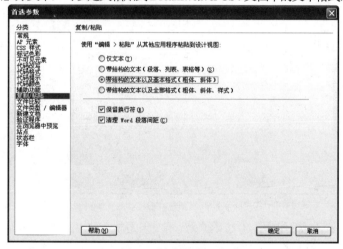

图1-17 【复制/粘贴】分类

下面对【复制/粘贴】分类相关选项进行简要说明。

- 【仅文本】：点选该项表示粘贴过来的内容仅有文本，图像、文本样式以及段落设置等都不会被粘贴过来。

- 【带结构的文本（段落、列表、表格等）】：点选该项表示粘贴过来的内容将保持原有的段落、列表、表格等最简单的设置，但图像仍然无法粘贴过来。

- 【带结构的文本以及基本格式（粗体、斜体）】：点选该项表示粘贴过来的内容将保持原有粗体和斜体设置，同时文本中的基本设置和图像也会显示出来。

- 【带结构的文本以及全部格式（粗体、斜体、样式）】：点选该项表示将保持粘贴内容的所有原始设置。

- 【保留换行符】：表示可保留所粘贴文本中的换行符，如果点选了【仅文本】选项，则此选项将被禁用。

- 【清理 Word 段落间距】：如果点选了【带结构的文本（段落、列表、表格等）】或

【带结构的文本以及基本格式（粗体、斜体）】选项，并想在粘贴文本时删除段落之间的多余空白，可勾选【清理 Word 段落间距】复选框。

在设置了一种适用的粘贴方式后，就可以直接选择菜单命令【编辑】/【粘贴】粘贴文本，而不必每次都选择菜单命令【编辑】/【选择性粘贴】。如果需要改变粘贴方式，再选择【选择性粘贴】命令进行粘贴即可。

（4）【新建文档】分类。

在【新建文档】分类中可以定义新建文档的类型、默认扩展名和默认编码等，如图 1-18 所示。可以在【默认文档】下拉列表中设置默认文档类型，如"HTML"，在【默认扩展名】文本框中设置默认扩展名，如".htm"，在【默认文档类型】下拉列表中设置文档类型，如"HMTL 4.01 Transitional"，在【默认编码】下拉列表中设置编码类型，通常选择"Unicode(UTF-8)"。如果选择"Unicode (UTF-8)"作为默认编码，需要选择一个 Unicode 标准化表单，有 4 种 Unicode 标准化表单供选择。最重要的是标准化表单 C，因为它是用于 WWW 的字符模型的最常用表单。

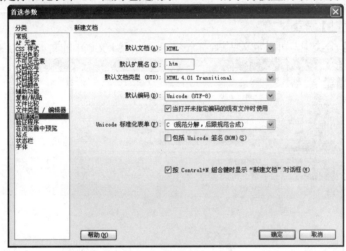

图1-18 【新建文档】分类

Unicode（统一码，也称万国码、单一码）是一种在计算机上使用的字符编码。它为每种语言中的每个字符设定了统一并且惟一的二进制编码，以满足跨语言、跨平台进行文本转换、处理的要求。

上面对首选参数的常用选项进行了介绍，有经验的用户可以根据自己的需要来修改这些参数，而初学者在不了解具体含义的情况下，最好不要随意进行修改，否则会给使用带来不必要的麻烦。

1.4 网站建设流程

在了解了 Dreamweaver CS4 后，就可以使用其创建站点和制作网页了。但无论是个人建站还是企业建站，了解网站建设的基本流程都是非常必要的，下面对网站建设流程进行简要介绍。

1.4.1 个人网站建设流程

个人网站建设一般可以按照以下流程进行。

（1）明确网站主题，进行资料收集。

个人建站，首先要明确建设一个什么主题的网站。个人网站不可能包罗万象，要根据自己的爱好，确定一个网站主题，这样才能把网站做深做透。在确定了网站主题后，要根据这一主题收集相关资料，包括文字、图像和动画等。

(2) 描绘网站框架，并进行具体制作。

在明确了网站主题并收集了相关素材后，就可以先绘制网站的结构草图了。这包括两个方面，从纵向的角度看，主要包括网站的层次结构，即从主页面到子页面；从横向的角度看，主要是指主页面和子页面的栏目结构、内容布局。最后，可以根据描绘的网站框架图，利用网页制作软件制作具体的页面。一个简单的网站，通常只包括静态页面，如果稍微复杂一点的网站，可能就包括后台数据库和脚本编程了。对于个人站点而言，后台数据库可以使用 Access 数据库，借助网页制作软件可以创建 ASP 等应用程序。

(3) 测试网站，完善功能。

当网站的各个页面制作完毕后，需要在网站发布前进行网站测试，检查网站的内容是否符合要求，文本和图像等素材使用是否正确，各个页面之间的链接是否通畅，用户在浏览这些网页时下载速度是否令人满意，网站在各种常用浏览器下是否可以正常浏览等。对发现的问题要及时进行改正，对网站存在的不足要进行修正。总之，要根据测试结果，不断完善网站。

(4) 申请空间，发布站点。

网站制作完毕后，只有将其发布到互联网上，才能发挥其价值。在网站发布前，需要提前在互联网上申请一个空间，即存放网站的地方。对于个人用户，建议购买虚拟主机。在购买虚拟主机时要看其服务、速度、响应时间等，一般选择有一定名气的服务商即可。要想让大家能记住自己的网站，还需要申请一个域名。域名要尽可能简短、有意义，以方便记忆。如果申请的空间支持 FTP 功能，发布网页可以直接使用 Dreamweaver 中的"发布站点"功能进行上传，也可以使用 FTP 客户端软件进行上传。

(5) 网站推广，内容更新。

网站发布后还需要推广，像登录搜索引擎、相互宣传及相互链接等都是行之有效的方法。另外，还要注意及时更新内容，在具体实施过程中需要注意以下几点：以质取胜，即靠内容的质量取胜；以新取胜，即以一定的原创内容取胜；以时取胜，即尽量追求时效，对内容尽早地发布。总之，要尽量做到人无我有，人有我新。

1.4.2 企业网站建设流程

如果由专门从事网站开发的公司帮助企业进行网站开发，其流程一般是：客户提出需求→设计建站方案→查询申办域名→网站系统规划→确定合作意向→网站内容整理→网页设计、制作、修改→网站确认并发布→网站推广维护。图 1-19 所示为某一网页制作公司为企业建设网站的基本过程，下面进行详细说明。

(1) 客户提出需求。

客户提出网站建设方面的基本需求，内容包括：企业介绍、栏目描述、网站基本功能需求和基本设计要求。

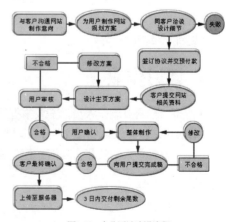

图1-19 企业网站建设流程

(2)　设计建站方案。

根据企业的要求和实际状况，设计适合企业的网站方案。一切根据企业的实际需要选择，最合适的才是最好的。

(3)　查询申办域名。

域名是企业在网络上的招牌，域名仅是一个名字，并不影响网站的功能和技术。根据企业的需要，决定是国际域名还是国内域名。如果登记国际域名，就必须向国际互联网络管理中心申请；如果登记国内域名，则应在中国互联网服务中心登记。

(4)　网站系统规划。

网站是发布企业产品与服务信息的平台，所以网站内容非常重要。一个好的网站，不仅是一本网络版的企业全貌和产品目录，它还必须给网站浏览者，即企业的潜在客户提供方便的浏览导航，合理的动态结构设计，适合企业商务发展的功能构件，如信息发布系统、产品展示系统等，丰富实用的资讯和互动空间。网页制作公司将根据客户提供的材料，精心进行规划，提交出一份网站建设方案书。

(5)　确定合作意向。

双方以面谈、电话或电子邮件等方式，针对项目内容和具体需求进行协商。双方认可后，签署网站建设合同书并支付相应比例的网站建设预付款。

(6)　网站内容整理。

根据网站建设合同书，由客户组织出一份与企业网站栏目相关的内容材料（文字和图像等），网页制作公司将对相关文字和图像进行详细地处理、设计、排版、扫描和制作。

(7)　网页设计、制作及修改。

一旦网站的内容与结构确定了，下一步的工作就是进行网页的设计和程序的开发。网页设计关乎企业的形象，一个好的网页设计，能够在信息发布的同时对公司的意念以及宗旨做出准确的诠释。很多国际大型公司在网页的设计上都不惜花费巨大的投入。

(8)　网站提交客户审核并发布。

网站设计、制作、修改、程序开发完成后，提交给客户审核，客户确认后，支付网站建设余款。同时，网站程序及相关文件上传到网站运行的服务器，至此网站正式开通并对外发布。

(9)　网站推广及后期维护。

为了能让更多的人来浏览企业的网站，必须有一个详尽而专业的网站推广方案，包括登录著名网络搜索引擎，网络广告发布，邮件群发推广，Logo 互换链接等。这一部分尤其重要，专业的网络营销推广策划必不可少。网站制作完成后，还要根据需要，对网站页面和内容进行适当的修改、更新和维护服务。

1.5　课后作业

1.　作为一般网页制作人员，需要掌握哪 3 种类型的软件？
2.　Dreamweaver CS4 的【文档】工具栏包括哪几种视图按钮？
3.　简要说明个人网站和企业网站建设流程各包括哪几个环节？

创建站点

伴随着因特网的发展,网站建设也得到飞速发展。本讲将介绍在 Dreamweaver CS4 中创建站点的基本方法。本讲课时为 3 小时。

学习目标

- ◆ 掌握定义站点的基本方法。
- ◆ 掌握创建文件夹和文件的方法。
- ◆ 掌握编辑、复制和删除站点的基本方法。
- ◆ 掌握导出和导入站点的基本方法。

2.1 创建站点

在 Dreamweaver CS4 中制作网页通常是在站点中进行的,因此,在制作网页之前,需要定义一个站点,然后可以在站点中创建文件夹和文件。

2.1.1 功能讲解

Dreamweaver 提供了本地站点、远程站点和测试站点 3 种类型。本地站点即直接建立在本地计算机上的站点,通常是用户计算机的工作目录,是存放网页、素材的本地文件夹。

一、 定义站点

使用 Dreamweaver 的第一步就是要在本地硬盘上定义一个站点。在本地硬盘上定义站点的途径通常有以下两种。

- 在菜单栏中选择菜单命令【站点】/【新建站点】,或在辅助工具栏中单击 按钮,在弹出的下拉菜单中选择【新建站点】命令,也可在【欢迎屏幕】中选择【新建】/【Dreamweaver 站点】命令。
- 在菜单栏中选择菜单命令【站点】/【管理站点】,或在辅助工具栏中单击 按钮,在弹出的下拉菜单中选择【管理站点】命令,打开【管理站点】对话框,然后单击 新建(N)... 按钮。

在定义站点时，可以使用【基本】设置对话框，也可以使用【高级】设置对话框，如图2-1所示。对于初学者建议使用向导式的【基本】设置对话框，如果已经熟悉了定义站点的方法，则可以使用【高级】设置对话框。

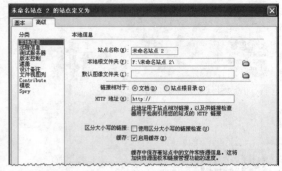

图2-1　定义站点的两种状态

在定义站点的过程中，如果不使用服务器技术，则创建的站点习惯称为静态站点，如果使用服务器技术，则习惯称为动态站点，如图 2-2 所示。如果使用服务器技术，则在开发过程中，关于文件的使用方式共有 3 种，如图 2-3 所示。

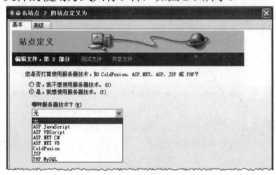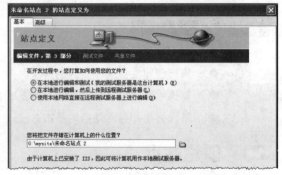

图2-2　是否使用站点服务器技术　　　　　　　　　　图2-3　文件的使用方式

- 【在本地进行编辑和测试（我的测试服务器是这台计算机）】：将网站所有文件存放于本地计算机中，并且在本地对网站进行测试，当网站制作完成后再上传至服务器（要求本地计算机安装 IIS，适合单机开发的情况）。

- 【在本地进行编辑，然后上传到远程测试服务器】：将网站所有文件存放于本地计算机中，但在远程服务器中测试网站（本地计算机不要求安装 IIS，但对网络环境要求要好，如果不满足就无法测试网站，适合于可以实时连接远程服务器的情况）。

- 【使用本地网络直接在远程测试服务器上进行编辑】：在本地计算机中不保存文件，而是直接登录到远程服务器中编辑网站并测试网站（对网络环境要求苛刻，适合于局域网或者宽带连接的广域网的环境）。

如果使用远程测试服务器，而且上传文件采用 FTP 方式，那么还需要设置如图 2-4 中对话框所示参数。

二、　管理站点

如果要在 Dreamweaver 中创建一个与已有站点类似的站点，可以首先复制相似的站点，然后根据需要再进行修改。对于那些已经完成使命不再需要的站点可以删除。如果要在多台计算机中创建一个相同的站点，可以首先在一台计算机进行创建，然后使用导出站点的方法将站点信息导出，再在其他计算机中导入该站点即可。

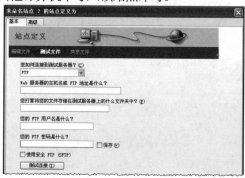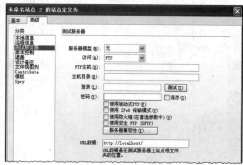

图2-4　设置测试服务器信息

(1)　编辑站点。

编辑站点是指对 Dreamweaver 中已经存在的站点，重新进行相关参数的设置，使其更符合实际需要。编辑站点的方法是，打开【管理站点】对话框，如图 2-5 所示。在站点列表中选中要编辑的站点，然后单击 编辑(E)... 按钮，在弹出的对话框中，按照向导提示一步一步地进行修改即可，这与创建站点的过程是一样的，也可以直接使用高级选项进行修改。

图2-5　【管理站点】对话框

(2)　复制站点。

有时可能会在 Dreamweaver 中创建多个站点，但并不是所有的站点都必须重新创建。如果新建站点和已经存在的站点有许多参数设置是相同的，可以通过"复制站点"的方式进行复制，然后再进行编辑。复制站点的方法是，在【管理站点】对话框的站点列表中选中要复制的站点，然后单击 复制(P)... 按钮，复制一个站点，如图 2-6 所示。

图2-6　复制站点

(3)　删除站点。

在 Dreamweaver 中可以将不再使用的站点删除。方法是，在【管理站点】对话框中选中要删除的站点，然后单击 删除(R) 按钮。在【管理站点】对话框中删除站点仅仅是删除了在 Dreamweaver CS4 中定义的站点信息，存在磁盘上的相对应文件夹及文件仍然存在。

(4)　导出站点。

如果重新安装操作系统，Dreamweaver CS4 站点中的信息就会丢失，这时可以采取导出站点的方法将站点信息导出。具体方法是，在【管理站点】对话框中选中要导出的站点，然后单击 导出(T)... 按钮，弹出【导出站点】对话框，设置导出站点文件的路径和文件名称，最后保存即可。导出的站点文件的扩展名为".ste"。

(5)　导入站点。

导出的站点只有导入到 Dreamweaver CS4 中才能发挥它的作用。导入站点的方法是，在【管理站点】对话框中单击 导入(I)... 按钮，弹出【导入站点】对话框，选中要导入的站点文件导入站点即可。

2.1.2 范例解析——定义和导出站点

创建一个本地静态站点并导出，站点名字为"mysite"，不使用服务器技术，不使用远程服务器，导出站点文件名为"mysite.ste"，最终效果如图 2-7 所示。

图2-7 定义站点

这是创建本地静态站点的例子，可以使用定义站点向导创建站点，然后使用【管理站点】对话框的【导出】命令导出站点，具体操作步骤如下。

1. 启动 Dreamweaver CS4，选择菜单命令【站点】/【新建站点】，弹出【未命名站点 2 的站点定义为】对话框。

2. 在【您打算为您的站点起什么名字？】文本框中输入站点的名称"mysite"，如果还没有站点的 HTTP 地址，【您的站点的 HTTP 地址（URL）是什么？】项可不填，如图 2-8 所示。

3. 单击 下一步(N) > 按钮，在弹出的对话框中点选【否，我不想使用服务器技术。】选项来定义一个静态站点，如图 2-9 所示。

图2-8 设置站点名称

图2-9 设置是否使用服务器技术

4. 单击 下一步(N) > 按钮，在对话框中点选【编辑我的计算机上的本地副本，完成后再上传到服务器】选项，然后设置网页文件存储的路径，如图 2-10 所示。

5. 单击 下一步(N) > 按钮，在【您如何连接到远程服务器？】下拉列表中选择"无"，如图 2-11 所示。

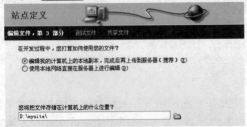

图2-10 设置文件使用方式及存储位置

图2-11 设置如何连接到远程服务器

6. 单击 下一步(N) > 按钮，如图 2-12 所示，表明设置已经完成。

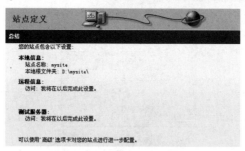

图2-12 站点定义总结对话框

7. 最后单击 [完成⑩] 按钮结束设置工作，在【文件】面板中显示了定义的站点。
   至此，一个不使用服务器技术的静态站点就完成了定义，下面将站点信息进行导出。

8. 选择菜单命令【站点】/【管理站点】，打开【管理站点】对话框，选中站点 "mysite"，然后单击 [导出①...] 按钮，弹出【导出站点】对话框，如图 2-13 所示。

图2-13 【导出站点】对话框

9. 设置导出站点文件的名称，单击 [保存⑤] 按钮导出站点。

2.1.3 课堂实训——导入和编辑站点

导入附盘文件 "课堂实训\素材\第 2 讲\yixiang.ste"，然后使用高级对话框编辑站点，将名字修改为 "tianci"，将测试服务器的【访问】选项设置为 "无"，最终效果如图 2-14 所示。

图2-14 导入和编辑站点

这是导入已有站点信息并进行修改的一个例子，可以使用【管理站点】对话框的【导入】命令导入站点，然后使用【编辑】命令打开定义站点对话框，使用高级状态修改即可。

【步骤提示】

1. 打开【管理站点】对话框，单击 [导入①...] 按钮导入站点，如图 2-15 所示。

图2-15 导入站点

2. 选择导入的站点，然后单击 [编辑(E)...] 按钮打开对话框并切换到【高级】选项卡，在【本地信息】分类中将站点名字修改为 "tianci"，如图 2-16 所示。

图2-16 修改站点名字

3. 选择【测试服务器】分类，将测试服务器的【访问】选项设置为 "无"，如图 2-17 所示。

图2-17 设置【测试服务器】分类

2.2 创建文件

站点创建完毕后，站点内没有任何文件和文件夹，这时可以根据站点规划创建相应的文件夹和文件。下面介绍创建文件夹和空白文档的方法。

2.2.1 功能讲解

首先介绍创建文件夹和文件的方法，然后介绍保存文件、移动和复制、重命名以及删除文件夹和文件的方法。

一、创建文件夹

在【文件】面板中创建文件夹的方法是，用鼠标右键单击站点根文件夹，在弹出的快捷菜单中选择【新建文件夹】命令，然后在 "untitled" 处输入新的文件夹名，如 "images"，然后按 Enter 键确认，如图 2-18 所示。

图2-18 创建文件夹

二、 创建文件

文件夹创建完毕后，还需要创建相应的网页文件，通常有以下几种途径。

(1) 通过欢迎屏幕创建文件。

在欢迎屏幕的【新建】列表中选择相应命令，即可创建相应类型的文件，如选择菜单命令【新建】/【HTML】，即可创建一个 HTML 文档，如图 2-19 所示。

(2) 通过【文件】面板创建文件。

用户可以通过下面两种方法之一来创建一个默认名为"untitled.htm"的文件，并在"untitled.htm"处输入新的文件名，最后按 Enter 键确认即可，如图 2-20 所示。

- 在【文件】面板中用鼠标右键单击相应的文件夹，在弹出的快捷菜单中选择【新建文件】命令，将在该文件夹下创建一个文件。

- 选中文件夹，然后单击【文件】面板组标题栏右侧的 按钮，在弹出的下拉菜单中选择菜单命令【文件】/【新建文件】将在相应文件夹下创建一个文件。

图2-19 通过欢迎屏幕创建文件

图2-20 从【文件】面板创建文件

> **要点提示** 通过【文件】面板创建文件，其扩展名自动为".htm"，这是因为在【首选参数】/【新建文档】分类中，已将默认文档设置为"HTML"，默认扩展名设置为".htm"。

(3) 通过菜单命令创建文件。

从菜单栏中选择菜单命令【文件】/【新建】，弹出【新建文档】对话框，根据需要选择相应的选项创建文件，如图 2-21 所示。

图2-21 从【新建文档】对话框创建文档

三、 保存文件

创建了文档后如果需要保存，选择菜单命令【文件】/【保存】将直接保存，如果是新文档还没有命名保存，此时将打开【另存为】对话框进行保存，如图 2-22 所示。如果对已经命名的文件换名保存，需要选择【文件】/【另存为】命令。如果想同时保存所有打开的文件，需要选择【文件】/【全部保存】命令。在保存单个文档时，可以设置文档的保存类型。

图2-22 【另存为】对话框

四、 移动和复制文件夹或文件

通过【文件】面板可以对文件或文件夹进行基本管理操作，如剪切、复制和粘贴等。在【文件】面板的站点文件列表中，用鼠标右键单击要管理的文件或文件夹，在弹出的快捷菜单中选择【编辑】命令，在子菜单中选择相应的子命令即可，如图 2-23 所示。

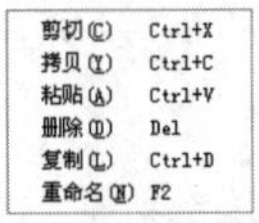

剪切(C)	Ctrl+X
拷贝(Y)	Ctrl+C
粘贴(A)	Ctrl+V
删除(D)	Del
复制(L)	Ctrl+D
重命名(N)	F2

图2-23 【编辑】菜单子命令

使用鼠标拖动的方法，也可以实现文件或文件夹的移动，方法是从【文件】面板的本地站点列表框中选中要移动的文件或文件夹，按住鼠标左键并拖动将其移动到目标文件夹中，释放鼠标左键即可。

五、 重命名文件夹或文件

给文件夹或文件重命名的方法是，用鼠标右键单击要重命名的文件夹或文件，在弹出的快捷菜单中选择菜单命令【编辑】/【重命名】，文件夹或文件名变为可修改状态，输入新的名称按 Enter 键即可。无论是重命名还是移动文件，都应该在【文件】面板中进行，因为【文件】面板有动态更新链接的功能，确保站点内不会出现链接错误。

六、 删除文件夹或文件

删除文件夹或文件的方法是，用鼠标右键单击要删除的文件夹或文件，在弹出的快捷菜单中选择菜单命令【编辑】/【删除】，也可以先选中要删除的文件夹或文件，然后再按 Delete 键即可。

2.2.2 范例解析——在站点"mysite"中创建文件夹和文件

我们要在第 2.1.2 小节创建的站点"mysite"中分别创建文件夹"file"、"pic"和"images"，在根文件夹下创建主页文件"index.htm"，在文件夹"file"中创建文件"myself.htm"、"mypoem.htm"和"myson.htm"，最终效果如图 2-24 所示。

图2-24　创建文件夹和文件

这是在站点内创建文件夹和文件的一个例子，用来练习创建文件的不同方法，具体操作步骤如下。

1. 在【文件】面板中用鼠标右键单击站点根文件夹，在弹出的快捷菜单中选择【新建文件夹】命令。

2. 在"untitled"处输入新的文件夹名"file"，然后按 Enter 键确认，如图 2-25 所示。

图2-25　创建文件夹

3. 运用相同的方法创建文件夹"pic"、"images"。

4. 在欢迎屏幕的【新建】列表中选择【HTML】命令，创建一个 HTML 文档，如图 2-26 所示。

图2-26　创建文档

5. 选择菜单命令【文件】/【保存】，打开【另存为】对话框，如图 2-27 所示。

图2-27　【另存为】对话框

6. 在【保存在】下拉列表中选择根文件夹 "mysite"，在【文件名】文本框中输入文件名 "index.htm"，然后单击 保存(S) 按钮保存文件。

7. 在【文件】面板中用鼠标右键单击文件夹 "file"，在弹出的快捷菜单中选择【新建文件】命令，创建一个初始命名为 "untitled.htm" 的文件，并在 "untitled.htm" 处输入新的文件名 "myself.htm"，按 Enter 键确认，如图 2-28 所示。

图2-28 创建文件

8. 选择菜单命令【文件】/【新建】，打开【新建文档】对话框，选择命令选项【空白页】/【HTML】/【1 列固定，居中，标题和脚注】，如图 2-29 所示。

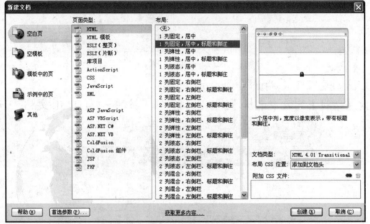

图2-29 【新建文档】对话框

9. 单击 创建(R) 按钮，创建一个默认名为 "untitled-2.htm" 的文件。

10. 选择菜单命令【文件】/【保存】，将文件保存在 "file" 文件夹下，文件名为 "mypoem.htm"，如图 2-30 所示。

图2-30 创建文件

11. 运用相同的方法在 "file" 文件夹下创建文件 "myson.htm"。

2.2.3　课堂实训——在站点"tianci"中创建文件夹和文件

　　下面要在第 2.1.3 小节创建的站点"tianci"中分别创建文件夹"yxfile"和"yxpic",在根文件夹下创建主页文件"default.asp",在文件夹"yxfile"中创建文件"yx.asp"和"yxpic.asp",最终效果如图 2-31 所示。

图2-31　创建文件夹和文件

　　这是在站点内创建文件夹和文件的例子,由于这是一个使用服务器技术"ASP VBScript"的站点,为了方便操作,可以在【文件】面板中创建所有的文件夹和文件。

【步骤提示】

1.　在【文件】面板中用鼠标右键单击根文件夹,在弹出的快捷菜单中选择【新建文件夹】命令来分别创建文件夹"yxfile"和"yxpic"。

2.　在【文件】面板中用鼠标右键单击根文件夹,在弹出的快捷菜单中选择【新建文件】命令,创建主页文件"default.asp"。

3.　在【文件】面板中用鼠标右键单击文件夹"yxfile",在弹出的快捷菜单中选择【新建文件】命令,创建文件"yx.asp"和"yxpic.asp"。

2.3　综合案例——创建站点和文件

　　创建一个动态本地站点,名字为"computersite",使用服务器技术"ASP VBScript",在本地进行编辑,然后使用 FTP 方式上传到远程测试服务器,最后在站点中创建文件夹"images",创建主页文件"index.asp",最终效果如图 2-32 所示。

图2-32　创建站点和文件

　　这是创建动态站点的例子,可以使用定义站点向导创建站点,然后创建文件夹和文件。

【操作步骤】

1.　选择菜单命令【站点】/【新建站点】,弹出【未命名站点 2 的站点定义为】对话框,输入站点的名称"computersite",如图 2-33 所示。

2.　单击 下一步(N)> 按钮,在弹出的对话框中点选【是,我想使用服务器技术。】选项,然后在【哪种服务器技术?】下拉列表中选择"ASP VBScript",如图 2-34 所示。

图2-33　设置站点名称

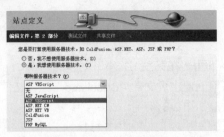

图2-34　设置是否使用服务器技术

3. 单击 下一步(N) > 按钮，在对话框中点选【在本地进行编辑，然后上传到远程测试服务器】选项，并设置网页文件存储的路径，如图2-35所示。

4. 单击 下一步(N) > 按钮，在【您如何连接到测试服务器？】下拉列表中选择"FTP"，然后根据实际情况设置相应参数，如图2-36所示。

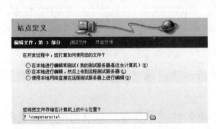

图2-35　设置文件使用方式及存储位置

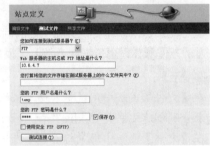

图2-36　设置如何连接到远程服务器

5. 单击 下一步(N) > 按钮，设置浏览站点的根目录，如图2-37所示。

6. 单击 下一步(N) > 按钮，选择第2项，如图2-38所示。

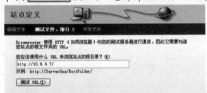

图2-37　设置浏览站点的根目录

图2-38　设置存回和取出

7. 单击 下一步(N) > 按钮，表明设置已经完成，如图2-39所示。

8. 最后单击 完成(D) 按钮结束设置工作。

9. 在【文件】面板中用鼠标右键单击根文件夹，在弹出的快捷菜单中选择【新建文件夹】命令创建文件夹"images"。

10. 在【文件】面板中用鼠标右键单击根文件夹，在弹出的快捷菜单中选择【新建文件】命令创建主页文件"index.asp"，如图 2-40 所示。

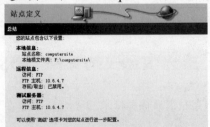

图2-39　站点定义总结对话框

图2-40　创建文件和文件夹

2.4 课后作业

1. 使用站点向导创建一个本地静态站点，如图 2-41 所示，站点名字为 "myownsite"，保存位置为 "D:\myownsite"，然后导出站点，文件名为 "myownsite.ste"。

图2-41 创建本地静态站点

【步骤提示】

(1) 选择菜单命令【站点】/【新建站点】，在弹出的对话框中设置站点的名字为 "myownsite"。
(2) 在站点定义编辑文件的第 2 步，设置不使用服务器技术。
(3) 在站点定义编辑文件的第 3 步，设置文件的保存位置为 "D:\ myownsite"。
(4) 在站点定义共享文件阶段的【您如何连接到远程服务器】下拉列表中选择 "无"。
(5) 选择菜单命令【站点】/【管理站点】，选中创建的站点并导出，文件名为 "myownsite.ste"。

2. 使用快捷菜单命令直接在【文件】面板中创建文件夹 "mypic"，然后使用【文件】菜单命令在站点 "myownsite" 中创建一个空白文档，并将其保存为 "mypage.htm"，如图 2-42 所示。

图2-42 创建文件夹和文件

【步骤提示】

(1) 在【文件】面板中，用鼠标右键单击根文件夹，在弹出的快捷菜单中选择【新建文件夹】命令，创建文件夹 "mypic"。
(2) 选择菜单命令【文件】/【新建】，创建一个空白 HTML 文档。
(3) 选择菜单命令【文件】/【保存】，将文档保存为 "mypage.htm"。

第3讲

使用文本和图像

文本和图像是构成网页的两大基本要素，本讲将介绍在网页中添加和设置文本，插入和设置图像的方法，以实现网页的基本排版布局。本讲课时为 3 小时。

①学习目标

◆ 掌握设置页面属性的方法。

◆ 掌握添加文本的方法。

◆ 掌握设置文本格式的方法。

◆ 掌握插入图像的方法。

◆ 掌握设置图像属性的方法。

3.1 使用文本

文本是网页最基本的元素，几乎所有的网页都离不开文本。文本通常包括各种语言文字、特殊符号等。网页中输入文本后，还需要对文本进行格式设置，包括字体格式和段落格式等，以便更好地表情达意。

3.1.1 功能讲解

创建网页文档后，还要对文档设置页面属性，同时添加文本并设置其基本格式。下面对文本所涉及的基本知识进行简要介绍。

一、 设置页面属性

在当前文档中，选择菜单命令【修改】/【页面属性】，或在【属性】面板中单击 页面属性... 按钮，弹出【页面属性】对话框，下面对其进行简要介绍。

(1) 设置外观。

外观主要包括页面显示的基本属性，如页面字体大小、字体类型、字体颜色、网页背景样式和页边距等。Dreamweaver CS4 的【页面属性】对话框提供了两种外观设置方式：【外观（CSS）】和【外观（HTML）】，如图 3-1 所示。

图3-1　两种外观设置方式

选择【外观（CSS）】分类将使用标准的 CSS 样式来进行设置，选择【外观（HTML）】分类将使用传统方式（非标准）来进行设置。例如，同样设置网页背景颜色，使用 CSS 样式和使用 HTML 方式的网页源代码是不同的，如图 3-2 所示。

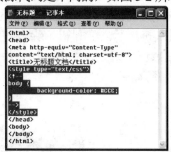

图3-2　使用 CSS 样式和 HTML 方式设置网页背景

通过【外观（CSS）】分类，可以设置页面字体类型、粗体和斜体样式、文本大小、文本颜色、背景颜色、背景图像、重复方式以及页边距等。需要注意的是，通过【页面属性】对话框设置的字体、大小和颜色，将对当前网页中所有的文本都起作用。

在【页面字体】下拉列表中，有些字体列表每行有 3～4 种不同的字体，这些字体均以逗号隔开，如图 3-3 所示。浏览器在显示时，首先会寻找第 1 种字体，如果没有就继续寻找下一种字体，以确保计算机在缺少某种字体的情况下，网页的外观不会出现大的变化。

如果【页面字体】下拉列表中没有需要的字体，可以选择其中的【编辑字体列表...】选项，在弹出【编辑字体列表】对话框中进行添加，如图 3-4 所示。单击 ➕ 按钮或 ➖ 按钮，将会在【字体列表】中增加或删除字体列表；单击 ▲ 按钮或 ▼ 按钮，将会在【字体列表】中上移或下移字体列表；单击 《 或 》 按钮，将会从【选择的字体】列表框中增加或删除字体。

图3-3　【页面字体】下拉列表　　　　　　图3-4　【编辑字体列表】对话框

在【大小】下拉列表中，文本大小有两种表示方式，一种用数字表示，另一种用英文表示。当选择数字时，其后面会出现数字的单位列表，如图 3-5 所示。在单位下拉列表中共有 9 种单位，这

9 种单位可分为"相对值"和"绝对值"两类。

相对值单位是相对于另一长度属性的单位，共有 4 个。

- 【px】：像素，相对于屏幕的分辨率。
- 【em】：字体高，相对于字体的高度。
- 【ex】：字母 x 的高，相对于任意字母"x"的高度。
- 【%】：百分比，相对于屏幕的分辨率。

绝对值单位会随显示界面的介质不同而不同，共有 5 个。

- 【mm】：以"毫米"为单位。
- 【cm】：以"厘米"为单位。
- 【in】：以"英寸"为单位（1 英寸=2.54 厘米）。
- 【pt】：以"点"为单位（1 点=1/72 英寸）。
- 【pc】：12pt 字，以"帕"为单位（1 帕=12 点）。

在【文本颜色】和【背景颜色】后面的文本框中可以直接输入颜色代码，也可以单击▇（颜色）按钮，打开调色板直接选择相应的颜色，如图 3-6 所示。单击◉（系统颜色拾取器）按钮，还可以打开【颜色】拾取器调色板，从中选择更多的颜色。通过设置【红】、【绿】和【蓝】的值（0～255），可以有"256×256×256"种颜色供选择。

图3-5 文本大小及其单位

图3-6 调色板

单击【背景图像】后面的 浏览(B)... 按钮，可以定义当前网页的背景图像，还可以在【重复】下拉列表中设置重复方式，如"no-repeat（不重复）"、"repeat（重复）"、"repeat-x（横向重复）"和"repeat-y（纵向重复）"。

在【左边距】、【右边距】、【上边距】和【下边距】文本框中，可以输入数值定义页边距，常用单位是"px（像素）"。除"%（百分比）"以外，建议读者在制作网页时固定使用一种类型的单位，不要混用，否则会给网页的维护带来不必要的麻烦。

(2) 设置链接。

通过【链接】分类，可以设置超级链接文本的字体、大小、链接文本的状态颜色和下划线样式，如图 3-7 所示。

【链接颜色】、【变换图像链接】、【已访问链接】、【活动链接】分别对应链接字体在正常时的颜色、鼠标指针经过时的颜色、鼠标单击后的颜色和鼠标单击时的颜色。默认状态下，链接文字为蓝色，已访问过的链接颜色为紫色。

【下划线样式】下拉列表主要用于设置链接字体的显示样式，主要包括 4 个选项，读者可以根据实际需要进行选择。关于【链接】分类的具体应用将在第 4 讲进行介绍。

(3) 设置标题。

为了使文档标题醒目，Dreamweaver CS4 提供了 6 种标题格式"标题 1"～"标题 6"，可以在【属性】面板的【格式】下拉列表中进行选择。当将标题设置成"标题 1"～"标题 6"中的某一种时，Dreamweaver CS4 会按其默认格式显示。但是，读者可以通过【页面属性】对话框的【标题（CSS）】分类来重新设置"标题 1"～"标题 6"的字体、大小和颜色属性，如图 3-8 所示。设置文档标题的 HTML 标签是"<h*n*>标题文字</h*n*>"，其中 *n* 的取值为 1～6，*n* 越小字号越大，*n* 越大字号越小。

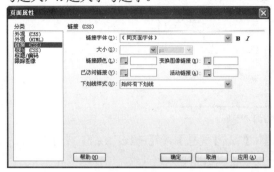

图3-7 【链接】分类

图3-8 【标题】分类

(4) 设置标题/编码。

在【标题/编码】分类中，可以设置浏览器标题、文档类型和编码方式，如图 3-9 所示。其中，浏览器标题的 HTML 标签是"<title>…</title>"，它位于 HTML 标签"<head>…</head>"之间。

(5) 跟踪图像。

在【跟踪图像】分类中，可以将设计草图设置成跟踪图像，铺在编辑的网页下面作为参考图，用于引导网页的设计，如图 3-10 所示。除了可以设置跟踪图像，还可以设置跟踪图像的透明度，透明度越高，跟踪图像显示得越明显。

图3-9 【标题/编码】分类

图3-10 【跟踪图像】分类

如果要显示或隐藏跟踪图像，可以选择菜单命令【查看】/【跟踪图像】/【显示】。在网页中选定一个页面元素，然后选择菜单命令【查看】/【跟踪图像】/【对齐所选范围】，可以使跟踪图像的左上角与所选页面元素的左上角对齐。选择菜单命令【查看】/【跟踪图像】/【调整位置】，可以通过设置跟踪图像的坐标值来调整跟踪图像的位置。选择菜单命令【查看】/【跟踪图像】/【重设位置】，可以使跟踪图像自动对齐编辑窗口的左上角。

二、添加文本

在创建的网页文档中，添加文本的方法主要有以下几种。

- 输入文本：将鼠标光标定位在要输入文本的位置，使用键盘直接输入。
- 复制文本：使用复制（Ctrl+C）/粘贴（Ctrl+V）的方法从其他文档中复制/粘贴文

本,此时将按【首选参数】对话框的【复制/粘贴】分类选项的设置进行粘贴文本,如果选择【选择性粘贴(Ctrl+Shift+V)】命令,将打开【选择性粘贴】对话框,如图 3-11 所示,此时可以根据需要选择相应的选项进行粘贴即可。

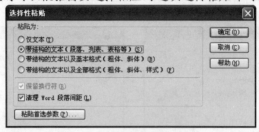

图3-11 【选择性粘贴】对话框

- 导入文本:选择菜单命令【文件】/【导入】/【Word 文档】或【Excel 文档】或【表格式数据】,直接将 Word 文档、Excel 文档或表格式数据导入网页文档中。
- 添加特殊符号:选择菜单命令【插入】/【HTML】/【特殊字符】,可以插入版权、商标等特殊字符,如果还要插入其他一些特殊字符,可以选择【其他字符】命令打开【插入其他字符】对话框进行选择插入即可,如图 3-11 所示。

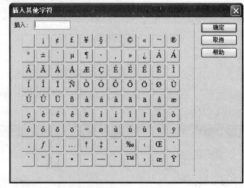

图3-12 插入特殊字符

三、 设置字体属性

字体属性包括字体类型、颜色、大小、粗体和斜体等内容。除了可以使用【页面属性】对话框对页面中的所有文本设置字体属性外,还可以通过【属性】面板或【格式】菜单中的相应命令对所选文本进行字体属性设置,如图 3-13 所示。

图3-13 【属性】面板和【格式】菜单

(1) 设置字体类型。

通过【格式】/【字体】中的相应命令或 CSS【属性】面板的【字体】下拉列表可以设置所选文本的字体类型,如图 3-14 所示。

图3-14 设置字体类型

(2) 设置字体颜色。

通过【格式】/【颜色】命令或单击 CSS【属性】面板中的 按钮可以设置所选文本的颜色，如图 3-15 所示。

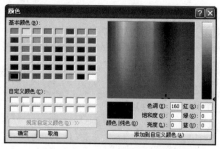
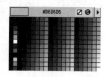

图3-15 设置文本颜色

(3) 设置文本大小。

通过 CSS【属性】面板的【大小】下拉列表可以设置所选文本的大小。【大小】下拉列表可以选择设置文字大小，也可以由用户直接输入数字，然后在后边的下拉列表中选择单位。

(4) 设置文本加粗等样式。

通过【格式】/【样式】中的相应命令或单击 CSS【属性】面板中的 **B** 按钮或 *I* 按钮可以设置所选文本的粗体、斜体等样式，如图 3-16 所示。

图3-16 设置样式

(5) 使用 CSS 规则。

无论是使用菜单命令还是通过 CSS【属性】面板来设置文本的字体、大小和颜色属性，如果是第 1 次设置将打开【新建 CSS 规则】对话框。在【选择器类型】下拉列表中选择选择器类型（在本讲建议读者选择第 1 项，这也是默认项），然后在【选择器名称】文本列表框中输入名称，如图 3-17 所示。

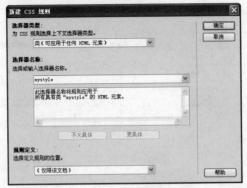

图3-17 【新建CSS规则】对话框

单击 确定 按钮后，在【属性】面板的【目标规则】下拉列表中自动出现了样式名称，此时再定义其他属性都将在此 CSS 样式中进行，除非在【目标规则】下拉列表中再选择【<新 CSS 规则>】，如图 3-18 所示。设置的文本效果及源代码如图 3-19 所示。

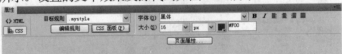

图3-18 CSS【属性】面板

图3-19 文本效果源代码

如果要对其他文本应用该样式，可以选中这些文本，然后在 CSS【属性】面板的【目标规则】下拉列表中选择该样式。或者在 HTML【属性】面板的【类】下拉列表中选择该样式，如图 3-20 所示。

图3-20 HTML【属性】面板

四、 设置段落版式

段落在页面版式中占有重要的地位。下面介绍段落所涉及的基本知识，如分段与换行、文本对齐方式、文本缩进和凸出、列表等。

(1) 段落与换行。

通过 HTML【属性】面板的【格式】下拉列表，可以设置正文的段落格式，即 HTML 标签 <p>…</p> 所包含的文本为一个段落，可以设置文档的标题格式"标题 1"～"标题 6"，还可以将某一段文本按照预先格式化的样式进行显示，即选择【预先格式化的】选项，其 HTML 标签是 <pre>…</pre>，如果要取消已设置的格式，选择【无】选项即可，如图 3-21 所示，也可以选择 【格式】/【段落格式】菜单中的相应命令来进行设置。另外，在文档中输入文本时，直接按 Enter 键，也可以形成一个段落，如果按 Shift+Enter 键或选择菜单命令【插入】/【HTML】/【特殊字符】/【换行符】，可以在段落中进行换行，其 HTML 标签是
。默认状态下，段与段之间是有间距的，而通过换行符进行换行，不会像段落那样在两行之间形成大的间距，如图 3-22 所示。

图3-21　【格式】下拉列表　　　　　　　　　　　图3-22　段落与换行符

(2)　文本对齐方式。

文本的对齐方式通常有 4 种：左对齐、居中对齐、右对齐和两端对齐。可以在 CSS【属性】面板中分别单击▤按钮、▤按钮、▤按钮和▤按钮来进行设置，也可以通过【格式】/【对齐】菜单中的相应命令来实现。这两种方式的效果是一样的，但使用的代码是不一样的。前者使用 CSS 样式进行定义，后者使用 HTML 标签进行定义，如图 3-23 所示。如果同时设置多个段落的对齐方式，则需要先选中这些段落。

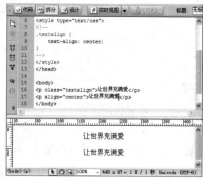

图3-23　设置对齐方式

(3)　文本缩进和凸出。

在文档排版过程中，有时会遇到需要使某段文本整体向内缩进或向外凸出的情况。单击 HTML【属性】面板上的▤按钮（或▤按钮），或者选择【格式】/【缩进】（或【凸出】）命令，可以使段落整体向内缩进或向外凸出。如果同时设置多个段落的缩进和凸出，则需要先选中这些段落。

(4)　列表。

列表的类型通常有编号列表、项目列表、定义列表等，最常用的是项目列表和编号列表。在 HTML【属性】面板中单击▤（项目列表）按钮或者选择菜单命令【格式】/【列表】/【项目列表】可以设置项目列表格式，在【属性】面板中单击▤（编号列表）按钮或者选择菜单命令【格式】/【列表】/【编号列表】可以设置编号列表格式，如图 3-24 所示。

图3-24　编号列表和项目列表

可以根据需要设置列表属性，方法是，将光标置于列表内，然后通过以下任意一种方法打开【列表属性】对话框进行设置即可，如图 3-25 所示。

- 选择菜单命令【格式】/【列表】/【属性】。
- 在鼠标右键快捷菜单中选择【列表】/【属性】命令。
- 在 HTML【属性】面板中单击 列表项目... 按钮。

图3-25 【列表属性】对话框

列表可以嵌套，方法是，首先设置 1 级列表，然后在 1 级列表中选择需要设置为 2 级列表的内容，使其缩进一次，并根据需要重新设置其列表类型，如图 3-26 所示。

图3-26 列表的嵌套

五、 插入日期、水平线和空格

下面介绍在网页中插入日期、水平线和空格的方法。

(1) 插入日期。

许多网页在页脚位置都有日期，而且每次修改保存后都会自动更新该日期。要实现这种效果可以选择菜单命令【插入】/【日期】，打开【插入日期】对话框，进行参数设置即可，如图 3-27 所示。

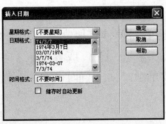

图3-27 【插入日期】对话框

需要注意的是，只有在【插入日期】对话框中选中【储存时自动更新】选项，才能在更新网页时自动更新日期，而且也只有选择了该选项，才能使单击日期时显示日期的【属性】面板，否则插入的日期仅仅是一段文本而已。

(2) 插入水平线。

在制作网页时，经常需要插入水平线，方法是选择菜单命令【插入】/【HTML】/【水平线】。选中水平线，在【属性】面板中可以设置其属性，如图 3-28 所示。在水平线【属性】面板中，可以设置水平线的 id 名称、宽度和高度、对齐方式、是否具有阴影效果等，如<hr align="center" width="500" size="5" id="line">。

图3-28　插入水平线

如果仅仅插入一条水平线不设置任何属性，只需要使用"<hr>"即可。在上面的代码中，align 表示对齐方式，其值有 left（左对齐）、center（居中对齐）和 right（右对齐）。width 表示宽度，size 表示高度，id 表示水平线的 id 名称。

（3）　插入空格。

选择菜单命令【插入】/【HTML】/【特殊字符】/【不换行空格】，或按 Ctrl+Shift+Space 组合键可以添加空格，反复选择该命令或按该组合键可以连续添加空格。在 Word 文档中，可以反复按 Space 键添加空格，在 Dreamweaver 中却是有条件的，即在【首选参数】的【常规】分类中勾选了【允许多个连续的空格】复选项，否则在文本中只能输入一个空格，不能输入连续的空格。

3.1.2　范例解析——设置"大和小"文本格式

首先将附盘文件"范例解析\素材第 3 讲\3-1-2\3-1-2.htm"复制到站点根文件夹下，然后打开文档并根据要求设置文本格式，最终效果如图 3-29 所示。

（1）　将页面字体设置为"宋体"、大小设置为"14px"，页边距设为"20px"。

（2）　重新定义【标题2】的字体为"黑体"、大小为"24px"、颜色为红色"#F00"。

（3）　将浏览器标题设置为"大和小"。

（4）　将文档标题应用【标题2】格式，并居中对齐。

（5）　将正文内容划分为两个段落。

（6）　将文档最后一句文本字体颜色设置为"#00F"，加粗显示，并添加下划线效果。

图3-29　设置"大和小"文本格式

这是设置文本格式的一个例子，可以综合运用【页面属性】对话框、【属性】面板和菜单命令【格式】进行设置，具体操作步骤如下。

1.　打开文档"3-1-2.htm"，如图 3-30 所示。

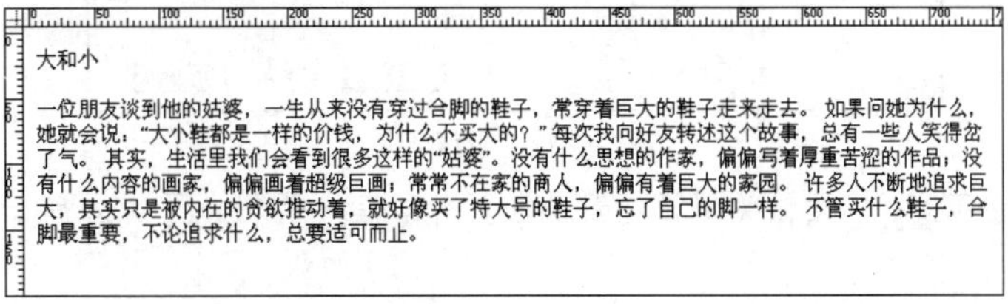

图3-30　打开文档

2. 设置页面属性。

(1) 选择菜单命令【修改】/【页面属性】，打开【页面属性】对话框。

(2) 在【外观（CSS）】分类中，设置页面字体为"宋体"、大小为"14px"，页边距均为"20px"，如图 3-31 所示。

图3-31 设置【外观（CSS）】分类

(3) 在【标题（CSS）】分类中，重新设置【标题 2】的字体为"黑体"、大小为"24px"、颜色为红色"#F00"，如图 3-32 所示。

图3-32 设置【标题（CSS）】分类

(4) 在【标题/编码】分类中，设置文档的浏览器标题为"大和小"，如图 3-33 所示。

图3-33 设置浏览器标题

(5) 设置完毕后单击 确定 按钮关闭【页面属性】对话框，效果如图 3-34 所示。

图3-34　设置页面属性后的效果

3.　设置文档标题格式。

(1)　将鼠标光标置于文本"大和小"所在行，然后在【属性】面板中单击 <> HTML 按钮，在面板的【格式】下拉列表中选择"标题2"，如图3-35所示。

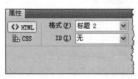

图3-35　设置文档标题格式

(2)　在【属性】面板中单击 CSS 按钮，然后单击 ≡ 按钮使标题文本居中对齐，如图3-36所示。

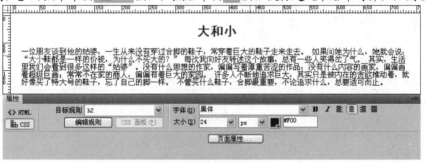

图3-36　设置居中对齐

4.　设置正文段落格式和字体格式。

(1)　将鼠标光标置于正文中文本"其实"的前面，然后按 Enter 键，将正文划分为两个段落，如图3-37所示。

图3-37　划分段落

(2)　选择第2段的最后一句，然后在 CSS【属性】面板中单击 按钮，在打开的对话框中选择需要的颜色，如图3-38所示。

(3)　在接着打开的【新建 CSS 规则】对话框中，将选择器名称设置为"textstyle"，其他选项设置如图3-39所示。

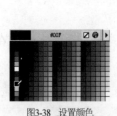

#00F
图3-38　设置颜色

新建 CSS 规则
选择器类型:
为 CSS 规则选择上下文选择器类型。
类（可应用于任何 HTML 元素）
选择器名称:
选择或输入选择器名称。
textstyle
此选择器名称将规则应用于
所有具有类“textstyle”的 HTML 元素。
不太具体
更具体
规则定义:
选择定义规则的位置。
（仅限该文档）
确定
取消
帮助
图3-39　设置【新建 CSS 规则】对话框

(4)　单击 确定 按钮关闭对话框，此时在 CSS【属性】面板的【目标规则】下拉列表中出现了“.textstyle”，在颜色文本框中出现了颜色代码，如图 3-40 所示。

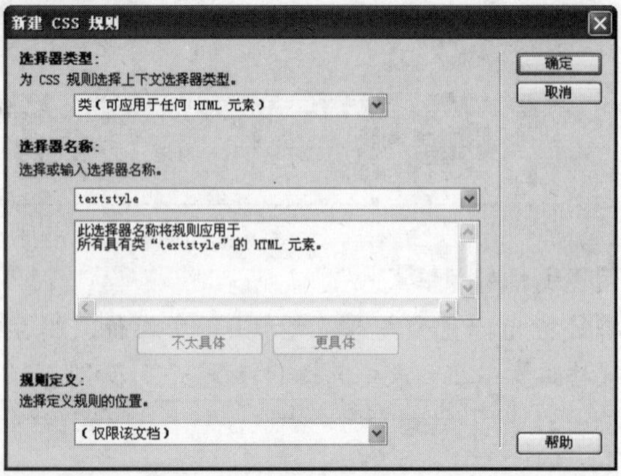

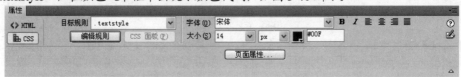

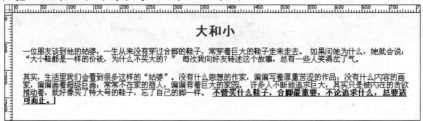

属性
HTML
CSS
目标规则
.textstyle
编辑规则
CSS 面板(P)
字体(O)
宋体
大小(S)
14
px
#00F
页面属性...
图3-40　CSS【属性】面板

(5)　在 CSS【属性】面板中单击 B 按钮使文本加粗显示，然后选择菜单命令【格式】/【样式】/【下划线】给文本加下划线样式，如图 3-41 所示。

大和小
一位朋友谈到他的姑婆，一生从来没有穿过合脚的鞋子，常穿着巨大的鞋子走来走去。如果问她为什么，她就会说：“大小鞋都是一样的价钱，为什么不买大的？”每次我向好友转述这个故事，总有一些人笑得岔了气。
其实，生活里我们会看到很多这样的“姑婆”。没有什么思想的作家，偏偏写着厚重苦涩的作品；没有什么内容的画家，偏偏画着超级巨画；常常不在家的商人，偏偏有着巨大的家园。许多人不断地追求巨大，其实只是被内在的贪欲推动着，就好像买了特大号的鞋子，忘了自己的脚一样。不管买什么鞋子，合脚最重要，不论追求什么，总要适可而止。
图3-41　设置文本样式

5.　选择菜单命令【文件】/【保存】，保存文件。

3.1.3　课堂实训——设置“天山天池”文本格式

创建空白文档“3-1-3.htm”，然后导入附盘文件“课堂实训\素材\第 3 讲\3-1-3\天山天池.doc”，并根据要求设置文本格式，最终效果如图 3-42 所示。

(1)　将页面字体设置为“宋体”、大小设置为“18px”，页边距设为“10px”，将浏览器标题设置为“天山天池”。

(2)　将文档标题应用【标题 2】格式并居中对齐，将正文中的文本“西王母之山”的字体设置为“黑体”，颜色设置为红色。

(3)　对唐代大诗人李商隐的诗句添加下划线效果，将文本“山峰秀丽雄伟 瀑布跌宕多姿 云雾变幻莫测 气候凉爽宜人”设置为项目列表。

(4)　在文本“编辑日期:”上面空行处插入一条水平线，然后在其后面插入能够自动更新的日期。

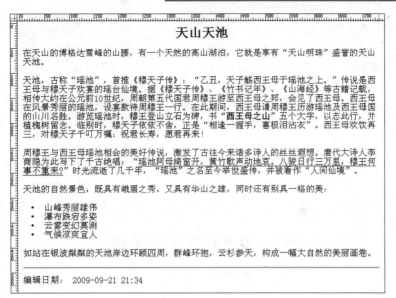

图3-42 设置"天山天池"文本格式

这是设置文本格式的例子，可以综合运用【页面属性】对话框、【属性】面板和菜单命令【格式】进行设置。

【步骤提示】

1. 选择菜单命令【文件】/【新建】，创建一个空白的 HTML 文档，并保存为 "3-1-3.htm"。
2. 选择菜单命令【文件】/【导入】/【Word 文档】，导入附盘 Word 文档 "课堂实训\素材\第 3 讲\3-1-3\天山天池.doc"，参数设置如图 3-43 所示。

图3-43 导入 Word 文档

3. 设置页面属性：将页面字体设置为 "宋体"、大小设置为 "18px"，页边距设为 "10px"，将浏览器标题设置为 "天山天池"。
4. 通过 HTML【属性】面板将文档标题应用【标题 2】格式，并通过菜单命令【格式】/【对齐】/【居中对齐】设置其对齐方式。
5. 通过 CSS【属性】面板将正文中的文本 "西王母之山" 的字体设置为 "黑体"，颜色设置为红色 "#F00"，CSS 规则名称为 "fontstyle"，如图 3-44 所示。

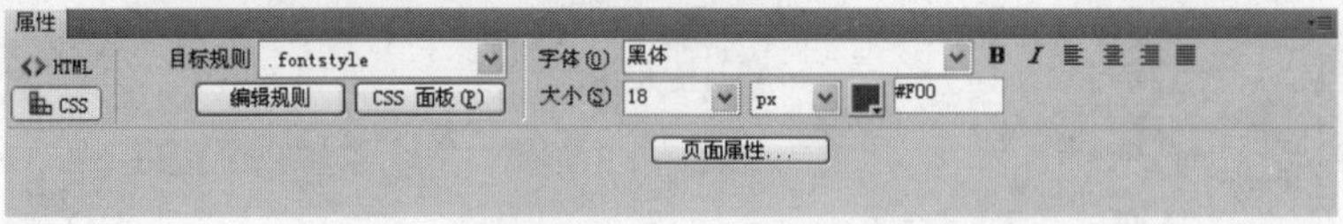

图3-44 设置字体属性

6. 选择菜单命令【格式】/【样式】/【下划线】，对诗句添加下划线效果。

7. 选择文本"山峰秀丽雄伟 瀑布跌宕多姿 云雾变幻莫测 气候凉爽宜人"，然后在 HTML【属性】面板中单击 按钮将其设置为项目列表。

8. 选择菜单命令【插入】/【HTML】/【水平线】，在文本"编辑日期:"上面空行处插入一条水平线，然后删除水平线下面多余的一个空行。

9. 选择菜单命令【插入】/【日期】，在文本"编辑日期:"的后面插入能够自动更新的日期，如图 3-45 所示。

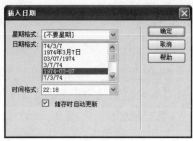

图3-45 【插入日期】对话框

10. 选择菜单命令【文件】/【保存】保存文件。

3.2 使用图像

图像与文本一样都是重要的网页元素，适当插入图像不仅可以丰富网页内容，而且可以增强网页的观赏性。

3.2.1 功能讲解

可以使用菜单命令【插入】/【图像】将图像插入到网页中，插入的图像通常还需要设置图像属性，如大小、对齐方式等。

一、网页图像格式

网页中比较常用的图像格式主要有 GIF、JPEG 和 PNG 等。

(1) GIF 格式。

GIF 格式（Graphics Interchange Format，图像交换格式，文件扩展名为".gif"）是在 Web 上使用最早、应用最广泛的图像格式。它具有文件尺寸小、支持透明背景、可以制作动画和交错下载等优点，适合制作网站 Logo、广告条 Banner 和网页背景图像等。

(2) JPEG 格式。

JPEG 格式（Joint Photographic Experts Group，联合图像专家组文件格式，文件扩展名为".jpg"）是目前互联网中最受欢迎的图像格式。它具有图像压缩率高、文件尺寸小、图像不失真等优点，适合制作颜色丰富的图像，如照片等。

(3) PNG 格式。

PNG 格式（Portable Network Graphics，便携式网络图像，文件扩展名为 ".png"）是最近使用量逐渐增多的图像格式，也是图像处理软件 Fireworks 固有的文件格式。该格式图像在压缩方面能够像 GIF 格式的图像一样没有压缩上的损失，并能像 JPEG 格式那样呈现更多的颜色。而且 PNG 格式也提供了一种隔行显示方案，在显示速度上比 GIF 格式和 JPEG 格式更快一些。

二、插入图像

下面介绍插入图像的基本方式。

(1) 通过【选择图像源文件】对话框。

将光标置于要插入图像的位置，然后选择菜单命令【插入】/【图像】，或者在【插入】/【常用】面板中单击图像按钮组中的 ▣（图像）按钮，也可将 ▣▾（图像）按钮拖曳到文档中，均可以弹出【选择图像源文件】对话框，选择需要的图像，单击 确定 按钮即将图像插入到文档中，如图 3-46 所示。

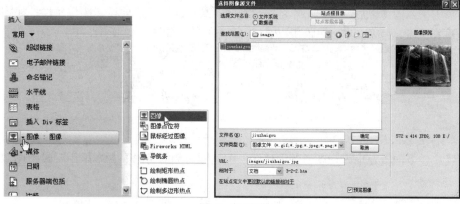

图3-46　插入图像

(2) 通过直接拖曳。

在【文件】面板中选中图像文件，然后直接将其拖曳到当前网页文档中，也可以切换到【资源】面板，单击 ▣（图像）按钮，在文件列表框中选中图像文件，然后直接将其拖曳到文档中（单击 插入 按钮也可），如图 3-47 所示。

图3-47　拖曳图像到文档中

三、插入图像占位符

如果在制作网页时，需要的图像还没有准备好，可以临时插入图像占位符，等到有适合的图像后，再通过图像占位符【属性】面板的【源文件】文本框重新定义图像文件即可。插入图像占位符的方法是，选择菜单命令【插入】/【图像对象】/【图像占位符】，或者在【插入】/【常用】面板中单击图像按钮组中的 （图像占位符）按钮，弹出【图像占位符】对话框，并按照要插入图像的信息设置图像占位符的相关参数，如图 3-48 所示。

图3-48　插入图像占位符

四、设置图像属性

在网页中插入图像以后，有时不一定符合实际需要，这时还需要设置图像属性，如图像名称和 ID、宽度和高度、替换文本、边距和边框、对齐方式等，如图 3-49 所示。

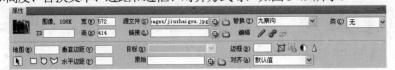

图3-49　图像【属性】面板

(1)　图像名称和 ID。

图像【属性】面板左上方是图像的缩略图，缩略图右侧的【ID】文本框用于设置图像的名称和 ID。

(2)　图像宽度和高度。

图像【属性】面板的【宽】和【高】文本框用于设置图像的显示宽度和高度。在修改了图像的宽度和高度后，在文本框的后面会出现 按钮，单击它将恢复图像的实际大小。

(3)　源文件。

图像【属性】面板的【源文件】文本框用于显示已插入图像的路径，如果要用新图像替换已插入的图像，在【源文件】文本框中输入新图像的文件路径即可，也可通过单击 按钮来选择图像文件。

(4)　替换文本。

图像【属性】面板的【替换】下拉列表用于设置图像的描述性信息。浏览网页时，当鼠标指针移动到图像上或图像不能正常显示时，会显示这些信息。

(5)　图像边距。

图像【属性】面板的【垂直边距】和【水平边距】文本框用于设置图像在垂直方向和水平方向与其他页面元素的间距。

(6)　图像边框。

图像【属性】面板的【边框】文本框用于设置图像边框的宽度，默认为"无边框"。

(7)　图像对齐。

图像【属性】面板的【对齐】下拉列表用于设置图像与周围文本或其他对象的位置关系。在【对齐】下拉列表中选择"左对齐"或"右对齐"是实现图像与文本混排的常用方法。

3.2.2　范例解析——设置"九寨沟"网页中的图像

首先将附盘"范例解析\素材第 3 讲\3-2-2"文件夹下的内容复制到站点根文件夹下，然后打开文档"3-2-2.htm"，并根据要求插入和设置图像，最终效果如图 3-50 所示。

(1)　在正文第 1 段的开头处插入图像"jiuzhaigou.jpg"，并设置其宽度为"286"，高度为"212"，替换文本为"九寨沟"，边距为"5"，边框为"5"，对齐方式为"左对齐"。

(2)　在正文第 5 段的结尾处插入一个图像占位符，名称为"jzg"，宽度为"200"，高度为"100"，颜色为"#CCCCCC"，替换文本为"九寨沟风情"。

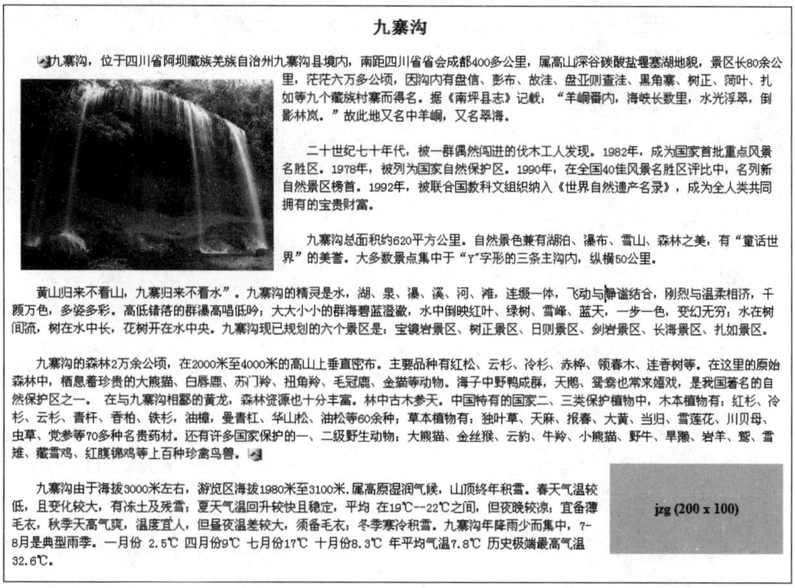

图3-50　设置"九寨沟"网页中的图像

这是插入和设置图像及图像占位符的例子，可以首先分别插入图像和图像占位符，然后通过【属性】面板设置其相关属性，具体操作步骤如下。

1.　打开文档"3-2-2.htm"，如图 3-51 所示。

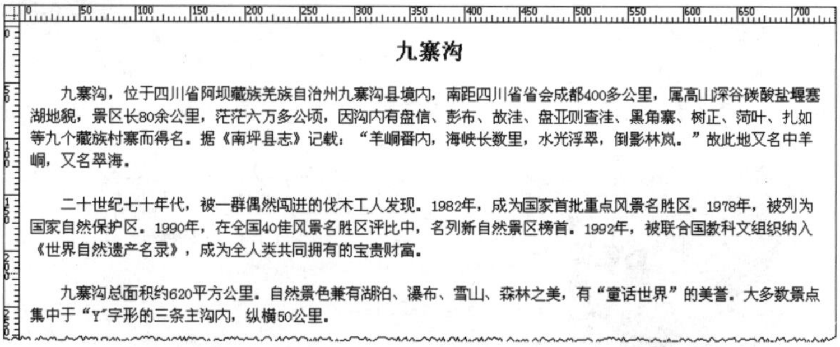

图3-51　打开文档

2.　将鼠标光标置于正文第 1 段的开头，然后选择菜单命令【插入】/【图像】，弹出【选择图像源文件】对话框，选择图像"jiuzhaigou.jpg"，如图 3-52 所示。

3.　单击 确定 按钮，将图像插入到文档中，如图 3-53 所示。

图3-52 选择图像

图3-53 插入图像

下面在【属性】面板中设置图像属性。

4. 将图像的宽度和高度分别设置为 "286" 和 "212"，将图像替换文本设置为 "九寨沟"，将图像的边距均设置为 "5"，将图像的边框设置为 "1"，将图像与周围文本的位置关系设置为 "左对齐"，如图 3-54 所示。

图3-54 设置图像属性

下面插入图像占位符。

5. 将鼠标光标置于正文第 5 段的结尾处，然后选择菜单命令【插入】/【图像对象】/【图像占位符】，弹出【图像占位符】对话框并进行参数设置，如图 3-55 所示。

6. 单击 确定 按钮，插入图像占位符，然后在【属性】面板的【对齐】下拉列表中选择 "右对齐"，效果如图 3-56 所示。

图3-55 【图像占位符】对话框

图3-56 图像占位符

7. 选择菜单命令【文件】/【保存】保存文件，并按 F12 键在浏览器中进行预览，如图 3-57 所示。

图3-57 在浏览器中进行预览

3.2.3　课堂实训——设置"青海湖"网页中的图像

　　首先将附盘"课堂实训\素材\第 3 讲\3-2-3"文件夹下的内容复制到站点根文件夹下，然后打开文档"3-2-3.htm"，根据要求插入和设置图像，最终效果如图 3-58 所示。

　　(1)　在正文第 1 段的开头处插入图像"qinghaihu.gif"，并设置其替换文本为"青海湖地图"，边距均为"2"，对齐方式为"右对齐"。

　　(2)　在正文第 2 段的开头处插入图像"qinghaihu.jpg"，并设置其替换文本为"青海湖"，边距均为"10"，对齐方式为"左对齐"。

图3-58　设置"青海湖"网页中的图像

　　这是插入和设置图像的例子，可以首先通过【文件】面板将要插入的图像直接拖曳到需要的位置，然后通过【属性】面板设置其相关属性。

【步骤提示】

1.　打开文档"3-2-3.htm"，在【文件】面板中选中"images"文件夹下的图像"qinghaihu.gif"，并将其拖曳到文档正文第 1 段的开头处。

2.　在【属性】面板设置其替换文本为"青海湖地图"，边距均为"2"，对齐方式为"右对齐"，如图 3-59 所示。

图3-59　设置图像属性

3.　在【文件】面板中选中"images"文件夹下的图像"qinghaihu.jpg"，并将其拖曳到正文第 2 段的开头处。

4.　在【属性】面板设置其替换文本为"青海湖"，边距均为"10"，对齐方式为"左对齐"，如图 3-60 所示。

图3-60　设置图像属性

5.　保存文件。

3.3　综合案例——编排"选择"网页

将附盘"综合案例\素材\第3讲"文件夹下的所有内容复制到站点根文件夹下，然后根据要求设置文档，最终效果如图3-61所示。

(1)　将页面字体设置为"宋体"、大小设置为"14px"，页边距设为"10px"，将浏览器标题设置为"选择"。

(2)　将文档标题应用【标题2】格式并居中对齐，将正文中的文本"劳施莱斯"的字体设置为"黑体"，颜色设置为红色，同时添加下划线效果。

(3)　在正文第1段的开头处插入图像"xueqie.jpg"，并设置其替换文本为"雪茄"，水平边距为"5"，对齐方式为"左对齐"。

(4)　在正文第4段的结尾处插入图像"meinv.jpg"，并设置其替换文本为"美丽女子"，水平边距为"5"，对齐方式为"右对齐"。

(5)　在正文第7段的开头处插入图像"dianhua.jpg"，并设置其替换文本为"电话"，水平边距为"5"，对齐方式为"左对齐"。

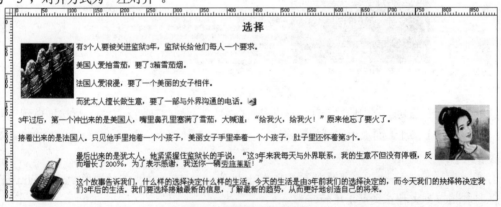

图3-61　设置"选择"文本格式

这是图文混排的例子，可以综合运用【页面属性】对话框、【属性】面板以及菜单命令进行设置。

【操作步骤】

1.　打开文档"3-3.htm"，然后选择菜单命令【修改】/【页面属性】，打开【页面属性】对话框。

2.　在【外观（CSS）】分类中，设置页面字体为"宋体"、大小为"14px"，页边距均为"10px"，在【标题/编码】分类中，设置文档的浏览器标题为"选择"，如图3-62所示。

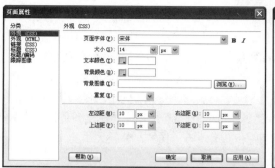

图3-62　设置页面属性

3.　设置完毕后单击 ⬚确定⬚ 按钮关闭【页面属性】对话框，效果如图 3-63 所示。

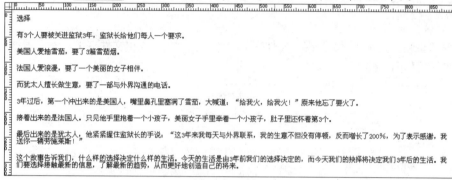

图3-63　设置页面属性后的效果

4.　将鼠标光标置于文本"选择"所在行，然后在 HTML【属性】面板的【格式】下拉列表中选择"标题2"，选择菜单命令【格式】/【对齐】/【居中对齐】设置对齐方式。

5.　选中正文中的文本"劳施莱斯"，然后在 CSS【属性】面板的【字体】下拉列表中选择"黑体"，在接着打开的【新建 CSS 规则】对话框中，将选择器名称设置为"textstyle"，其他选项设置如图 3-64 所示。

6.　单击 ⬚确定⬚ 按钮关闭对话框，接着在 CSS【属性】面板中单击 ⬚按钮，在打开的对话框中选择红色，如图 3-65 所示。

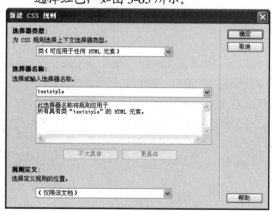

图3-64　【新建CSS规则】对话框

图3-65　设置颜色

7.　选择菜单命令【格式】/【样式】/【下划线】，给文本加下划线样式。

8.　在【文件】面板中选中"images"文件夹下的图像"xueqie.jpg"，并将其拖曳到文档正文第 1

段的开头处，然后在【属性】面板中设置其宽度和高度均为"100"，替换文本为"雪茄"，水平边距为"5"，对齐方式为"左对齐"。

9. 在【文件】面板中选中"images"文件夹下的图像"meinv.jpg"，并将其拖曳到文档正文第 4 段的结尾处，然后在【属性】面板中设置其宽度和高度均为"100"，替换文本为"美丽女子"，水平边距为"5"，对齐方式为"右对齐"。

10. 在【文件】面板中选中"images"文件夹下的图像"dianhua.jpg"，并将其拖曳到文档正文第 4 段的结尾处，然后在【属性】面板中设置其宽度和高度均为"100"，替换文本为"电话"，水平边距为"5"，对齐方式为"右对齐"。

11. 选择菜单命令【文件】/【保存】保存文档。

3.4 课后作业

将附盘"课后作业\素材\第 3 讲"文件夹下的内容复制到站点根文件夹下，然后根据提示设置文档，最终效果如图 3-66 所示。

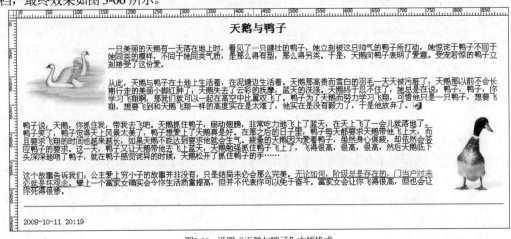

图3-66 设置"天鹅与鸭子"文档格式

【步骤提示】

(1) 设置页面属性：页面字体为"宋体"、大小为"14px"，页边距均为"10px"，浏览器标题为"天鹅与鸭子"。

(2) 设置文本格式：文档标题格式为"标题 2"并居中显示，正文最后一段中的文本"无论如何，阶级总是存在的，门当户对未必就是坏观念。"颜色为"#F00"并添加下划线效果。

(3) 插入水平线和日期：在正文最后插入一条水平线，在水平线下面插入日期，不要显示星期，日期格式为"1974-03-07"，时间格式为"22:18"，并能在存储时自动更新。

(4) 插入图像：分别在正文第 1 段开头和第 2 段结尾插入图像"images/tian.jpg"、"images/ya.jpg"，图像替换文本分别为"天鹅"和"鸭子"，边距均为"5"，与周围文本的对齐方式分别为"左对齐"和"右对齐"。

第4讲

创建超级链接

没有超级链接就没有互联网，超级链接使互联网形成了一个内容详实而丰富的立体结构。本讲将介绍在网页中创建和设置超级链接的基本方法。本讲课时为 3 小时。

① 学习目标

◆ 掌握设置文本和图像超级链接的方法。

◆ 掌握创建图像热点超级链接的方法。

◆ 掌握设置下载超级链接和空链接的方法。

◆ 掌握设置电子邮件超级链接和锚记超级链接的方法。

◆ 掌握创建鼠标经过图像和导航条的方法。

◆ 掌握创建Flash文本和Flash按钮的方法。

◆ 掌握创建脚本链接的方法。

4.1 设置普通超级链接

浏览网页时，单击网页内的某些文本或图像，即可打开或转到另外一个页面，这就是超级链接。超级链接由网页上的文本、图像等元素，赋予了可以链接到其他网页的 Web 地址而形成，让网页之间形成一种互相关联的关系。

4.1.1 功能讲解

下面介绍比较常用的超级链接，如文本超级链接、图像超级链接、图像热点超级链接、下载超级链接、空链接、电子邮件超级链接和锚记超级链接等。

一、文本超级链接

用文本作为链接载体，这就是通常意义上的文本超级链接。下面介绍创建文本超级链接以及设置文本超级链接状态的基本方法。

(1) 通过 HTML【属性】面板创建超级链接。

方法是，先选中文本，然后在 HTML【属性】面板的【链接】列表框中输入链接目标地址，如果是同一站点内的文件，也可以单击列表框后面的▭按钮，在弹出的【选择文件】对话框中选择目标文件，或者直接将 HTML【属性】面板【链接】文本框右侧的⊕图标拖曳到【文件】面板中的目标文件上，最后在 HTML【属性】面板的【目标】下拉列表中选择窗口打开方式，还可以根据需要在【标题】文本框中输入提示性内容，如图4-1所示。

图4-1　HTML【属性】面板

在 HTML【属性】面板的【目标】下拉列表中通常有 4 个选项。

- 【_blank】：将链接的文档载入一个新的浏览器窗口。
- 【_parent】：将链接的文档载入该链接所在框架的父框架或父窗口。如果包含链接的框架不是嵌套框架，则所链接的文档载入整个浏览器窗口。
- 【_self】：将链接的文档载入链接所在的同一框架或窗口。此目标是默认的，因此通常不需要特别指定。
- 【_top】：将链接的文档载入整个浏览器窗口，从而删除所有框架。

(2) 通过【超级链接】对话框创建超级链接。

方法是，将鼠标光标置于要插入超级链接的位置，然后选择菜单命令【插入】/【超级链接】，或者在【插入】/【常用】面板中单击 ▨ 超级链接 按钮，弹出【超级链接】对话框。在【文本】文本框中输入链接文本，在【链接】下拉列表中设置目标地址，在【目标】下拉列表中选择目标窗口打开方式，在【标题】文本框中输入提示性文本，如图 4-2 所示。可以在【访问键】文本框中设置链接的快捷键，也就是按下 Alt +26 个字母键其中 1 个，将焦点切换至文本链接，还可以在【Tab 键索引】文本框中设置 Tab 键切换顺序。

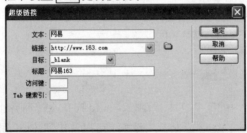

图4-2　【超级链接】对话框

(3) 设置文本超级链接的状态。

通过【页面属性】对话框的【链接】分类，可以设置文本超级链接的状态，包括字体、大小、颜色及下划线等，如图 4-3 所示。

图4-3　【页面属性】对话框的【链接】分类

【链接】分类中的相关选项说明如下。

- 【链接字体】：设置链接文本的字体，另外，还可以对链接的字体进行加粗和斜体的设置。
- 【大小】：设置链接文本的大小。
- 【链接颜色】：设置链接没有被单击时的静态文本颜色。
- 【已访问链接】：设置已被单击过的链接文本颜色。
- 【变换图像链接】：设置将鼠标指针移到链接上时文本的颜色。
- 【活动链接】：设置对链接文本进行单击时的颜色。
- 【下划线样式】：共有 4 种下划线样式，如果不希望链接中有下划线，可以选择【始终无下划线】选项。

二、图像超级链接

用图像作为链接载体，这就是通常意义上的图像超级链接。了解了通过 HTML【属性】面板创建文本超级链接的方法，也就等于掌握了创建图像超级链接的方法，因为操作方法一样，只是链接载体由文本变成了图像。另外，图像超级链接不像文本超级链接那样会发生许多提示性的变化，图像本身不会发生改变，只是鼠标指针在指向图像超级链接时会变成手形（默认状态）。

三、图像热点超级链接

图像热点（或称图像地图、图像热区）实际上就是为图像绘制一个或几个特殊区域，并为这些区域添加超级链接。创建图像热点超级链接必须使用图像热点工具，它位于图像【属性】面板的左下方，包括▢（矩形热点工具）、◯（椭圆形热点工具）和▽（多边形热点工具）3 种形式。

创建图像热点超级链接的方法是，选中图像，然后单击【属性】面板左下方的热点工具按钮，如▢（矩形热点工具）按钮，并将鼠标指针移到图像上，按住鼠标左键并拖曳，绘制一个矩形区域，接着在【属性】面板中设置链接地址、目标窗口和替换文本，如图 4-4 所示。

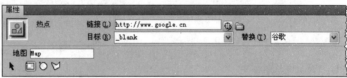

图4-4 图像热点超级链接

要编辑图像热点，可以单击【属性】面板中的▴（指针热点工具）按钮。该工具可以对已经创建好的图像热点进行移动、调整大小或层之间的位置移动等操作。还可以将含有热点的图像从一个文档复制到其他文档，或者复制图像中的一个或几个热点，然后将其粘贴到其他图像上，这样就将与该图像关联的热点也复制到新文档中。

四、下载超级链接

在实际应用中，链接目标也可以是其他类型的文件，如压缩文件、Word 文件等。如果要在网站中提供资料下载，就需要为文件提供下载超级链接。下载超级链接并不是一种特殊的链接，只是下载超级链接所指向的文件是特殊的。

五、空链接

空链接是一个未指派目标的链接。建立空链接的目的通常是激活页面上的对象或文本，使其可以应用行为。给页面对象添加空链接很简单，在 HTML【属性】面板的【链接】文本框中输入"#"即可。

六、电子邮件超级链接

电子邮件超级链接与一般的文本和图像链接不同，因为电子邮件链接要将浏览者的本地电子邮件管理软件（如 Outlook Express、Foxmail 等）打开，而不是向服务器发出请求。创建电子邮件超级链接的方法是，选择菜单命令【插入】/【电子邮件链接】，或在【插入】/【常用】面板中单击 电子邮件链接 按钮，弹出【电子邮件链接】对话框，在【文本】文本框中输入在文档中显示的信息，在【E-mail】文本框中输入电子邮箱的完整地址，如图 4-5 所示，单击 确定 按钮，一个电子邮件链接就创建好了。

图4-5　电子邮件超级链接

如果已经预先选中了文本，在【电子邮件链接】对话框的【文本】文本框中会自动出现该文本，这时只需在【E-mail】文本框中填写电子邮件地址即可。

如果要修改已经设置的电子邮件链接的 E-mail，可以通过 HTML【属性】面板进行重新设置。同时，通过 HTML【属性】面板也可以看出，"mailto:"、"@"和"."这 3 个元素在电子邮件链接中是必不可少的。有了它们，才能构成一个正确的电子邮件链接。在创建电子邮件超级链接时，为了更快捷，可以先选中需要添加链接的图像或文本，然后在 HTML【属性】面板的【链接】文本框中直接输入电子邮件地址，并在其前面加一个前缀"mailto:"，最后按 Enter 键确认即可，如图4-6 所示。

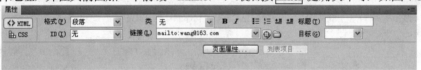

图4-6　【属性】面板

七、锚记超级链接

一般超级链接只能从一个网页文档跳转到另一个网页文档，使用锚记超级链接不仅可以跳转到当前网页中的指定位置，还可以跳转到其他网页中指定的位置，包括同一站点内的和不同站点内的。创建锚记超级链接需要经过两步：首先需要在文档中设置锚记，然后在 HTML【属性】面板中设置指向这些锚记的超级链接来链接到文档的特定部分。

(1)　插入锚记。

将鼠标光标置于要插入锚记的位置，然后选择菜单命令【插入】/【命名锚记】，或者在【插入】/【常用】面板中单击 命名锚记 按钮，弹出【命名锚记】对话框，在【锚记名称】文本框中输入名称，单击 确定 按钮即在鼠标光标处插入一个锚记，如图 4-7 所示。

图4-7　【命名锚记】对话框

如果发现锚记名称输入错了，选中插入的锚记标志，然后在【属性】面板的【名称】文本框中修改即可，如图4-8所示。

图4-8 【属性】面板

(2) 创建锚记超级链接。

方法是，先选中文本，然后在 HTML【属性】面板的【链接】下拉列表中输入锚记名称，如"#a"，或者直接将【链接】下拉列表后面的◎图标拖曳到锚记名称上。也可选择菜单命令【插入】/【超级链接】，弹出【超级链接】对话框，在【文本】文本框中输入文本，在【链接】下拉列表中选择锚记名称，如图4-9所示。

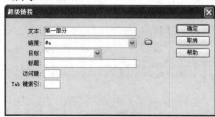

图4-9 【超级链接】对话框

关于锚记超级链接目标地址的写法应该注意以下几点。

- 如果链接的目标锚记位于同一文档中，只需在【链接】文本框中输入一个"#"符号，然后输入链接的锚记名称，如"#a"。
- 如果链接的目标锚记位于同一站点的其他网页中，则需要先输入该网页的路径和名称，然后再输入"#"符号和锚记名称，如"index.htm#a"、"bbs/index.htm#a"。
- 如果链接的目标锚记位于 Internet 上某一站点的网页中，则需要先输入该网页的完整地址，然后再输入"#"符号和锚记名称，如"http://www.yx.com/yx/20080326.htm#b"等。

4.1.2 范例解析——设置"度假胜地"网页中的超级链接

首先将附盘"范例解析\素材\第 4 讲\4-1-2"文件夹下的内容复制到站点根文件夹下，然后打开文档"4-1-2.htm"，并根据要求设置网页中的超级链接，最终效果如图 4-10 所示。

(1) 设置文本超级链接。设置文本"Google"的链接地址为"http://www.google.cn"，打开目标窗口的方式为在新窗口中打开，提示文本为"到 Google 检索"。

(2) 设置图像超级链接。设置网页中第 1 幅图像"images/01.jpg"的链接目标文件为"tu_01.htm"，打开目标窗口的方式为在新窗口中打开，按照同样的方式设置其他图像的链接目标文件。

(3) 设置电子邮件超级链接。给文本"联系我们"添加电子邮件超级链接，链接地址为"yx2008@163.com"。

(4) 创建锚记超级链接。在正文中每个小标题的后面依次添加锚记"a"、"b"、"c"、"d"、"e"、"f"、"g"、"h"、"i" 和 "j"，然后给文档标题"度假胜地"下面的导航文本依次添加锚记超级链接，分别链接到正文中相同内容部分。

(5) 设置文本状态。设置链接颜色和已访问链接颜色均为"#060"，变换图像链接颜色为"#F00"，且仅在变换图像时显示下划线。

图4-10 设置"度假胜地"网页中的超级链接

这是设置超级链接的例子，可以通过【属性】面板、菜单命令以及【页面属性】对话框进行设置，具体操作步骤如下。

1. 打开文档"4-1-2.htm"，然后选中文本"Google"，在【属性】面板的【链接】文本框中输入链接地址"http://www.google.cn"，在【目标】下拉列表中选择"_blank"，提示文本为"到Google检索"如图 4-11 所示。

图4-11 设置文本超级链接

2. 选中第 1 幅图像"images/01.jpg"，然后在【属性】面板的【链接】文本框中定义链接目标文件"tu_01.htm"，目标窗口打开方式为"_blank"，如图 4-12 所示，然后运用相同的方法依次设置其他图像的超级链接。

图4-12 设置图像超级链接

3. 用鼠标选中最后一行文本中的"联系我们"，然后选择菜单命令【插入】/【电子邮件链接】，弹出【电子邮件链接】对话框，在【E-Mail】文本框中输入电子邮件地址"yx2008@163.com"，单击 确定 按钮，如图4-13所示。

图4-13 创建电子邮件链接

4. 将鼠标光标置于正文中小标题"1、大溪地"处，然后选择菜单命令【插入】/【命名锚记】，弹出【命名锚记】对话框，在【锚记名称】文本框中输入名称，单击 确定 按钮插入锚记，如图4-14所示。

图4-14 插入锚记

5. 运用相同的方法，依次在正文中其他小标题处分别插入锚记名称"b"、"c"、"d"、"e"、"f"、"g"、"h"、"i"和"j"。

6. 选中文档标题"度假胜地"下面的导航文本"大溪地"，然后在【属性】面板的【链接】下拉列表中输入锚记名称"#a"，如图4-15所示。

图4-15 创建锚记超级链接

7. 运用相同的方法依次给"度假胜地"下面的其他导航文本建立锚记超级链接，分别指到相应锚记处。

8. 选择菜单命令【修改】/【页面属性】，打开【页面属性】对话框，切换到【链接】分类，设置链接颜色和已访问链接颜色均为"#060"，变换图像链接颜色为"#F00"，在【下划线样式】下拉列表中选择"仅在变换图像时显示下划线"选项。

9. 最后保存文件。

4.1.3　课堂实训——设置"黄山四绝"网页中的超级链接

首先将附盘"课堂实训\素材\第4讲\4-1-3"文件夹下的内容复制到站点根文件夹下，然后打开文档"4-1-3.htm"，并根据要求设置"黄山四绝"网页中的超级链接，最终效果如图4-16所示。

(1) 设置文本和图像超级链接。设置文本"迎客松"的链接目标为"yingkesong.htm"，设置第1幅图像的链接目标为"qisong.htm"，第2幅图像创建椭圆形热点超级链接，链接目标为"guaishi.htm"，第3幅图像的链接目标为"#"，目标窗口打开方式均为"_blank"。

(2) 设置锚记超级链接。在正文中的"1、奇松"、"2、怪石"、"3、云海"和"4、温泉"处分别插入锚记名称"1"、"2"、"3"、"4"，然后给副标题中的"奇松"、"怪石"、"云海"、"温泉"建立锚记超级链接，分别指向到锚记"1"、"2"、"3"、"4"处。

（3） 设置电子邮件超级链接。在最后一行的"[]"内创建电子邮件超级链接，链接文本和地址均为"wjx@163.com"。

（4） 设置超级链接状态。链接颜色和已访问链接颜色均为"#090"，变换图像链接颜色为"#F00"，且仅在变换图像时显示下划线。

图4-16　设置"黄山四绝"网页中的超级链接

这是设置超级链接的例子，可以通过【属性】面板、菜单命令以及【页面属性】对话框进行设置。

【步骤提示】

1. 选中正文第 4 段中的文本"迎客松"，然后在【属性】面板设置链接目标和目标窗口打开方式，如图 4-17 所示。

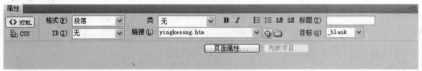

图4-17　设置文本超级链接

2. 选中第 1 幅图像，然后在【属性】面板设置链接目标和目标窗口打开方式，如图 4-18 所示。

图4-18　设置图像超级链接

3. 选中第 2 幅图像，利用【属性】面板左下方的 ◯（椭圆形热点工具）按钮，在图像上绘制一个椭圆形区域，然后在【属性】面板中设置链接目标和目标窗口打开方式，如图 4-19 所示。

图4-19　创建图像热点超级链接

4.　选中第 3 幅图像，然后在【属性】面板的【链接】文本框中输入空链接符号"#"。

5.　将鼠标光标置于正文"1、奇松"处，然后选择菜单命令【插入】/【命名锚记】插入锚记，如图 4-20 所示，运用相同的方法，依次在正文中的"2、怪石"、"3、云海"和"4、温泉"处分别插入锚记名称"2"、"3"和"4"。

图4-20　插入锚记

6.　选中副标题中的文本"奇松"，然后在【属性】面板的【链接】下拉列表中输入锚记名称"#1"，如图 4-21 所示，运用相同的方法依次给副标题中的文本"怪石"、"云海"和"温泉"建立锚记超级链接，分别指到锚记"2"、"3"和"4"处。

图4-21　创建锚记超级链接

7.　将鼠标光标置于最后一行的"[ ]"内，然后选择菜单命令【插入】/【电子邮件链接】，插入电子邮件链接，如图 4-22 所示。

图4-22　创建电子邮件链接

8.　选择菜单命令【修改】/【页面属性】，打开【页面属性】对话框，在【链接】分类中设置链接颜色和已访问链接颜色以及变换图像链接颜色，并设置下划线样式，如图 4-23 所示。

图4-23　设置超级链接状态

9.　最后保存文件。

4.2 设置特殊超级链接

特殊超级链接就是使用了某一种技术，使其与普通超级链接有所区别，如鼠标经过图像、导航条等。

4.2.1 功能讲解

下面介绍鼠标经过图像、导航条以及脚本链接方面的基本知识。

一、鼠标经过图像

鼠标经过图像是指在网页中，当鼠标指针经过图像或者单击图像时，图像的形状、颜色等属性会随之发生变化，如发光、变形或者出现阴影，使网页变得生动活泼。鼠标经过图像是基于图像的比较特殊的链接形式，属于图像对象的范畴。

创建鼠标经过图像的方法是，选择菜单命令【插入】/【图像对象】/【鼠标经过图像】，或在【插入】/【常用】面板的图像按钮组中单击 鼠标经过图像 按钮，弹出【插入鼠标经过图像】对话框并进行参数设置即可，如图 4-24 所示。

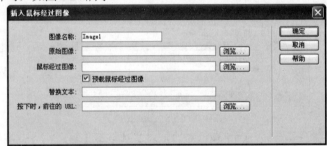

图4-24　鼠标经过图像

鼠标经过图像通常有以下两种状态。

- 原始状态：在网页中的正常显示状态。
- 变换图像状态：当鼠标经过或者单击图像时显示的图像。

在设置鼠标经过图像时，两幅图像的尺寸大小必须是一样的。Dreamweaver 将以第 1 幅图像的尺寸大小作为标准，显示第 2 幅图像时，将按照第 1 幅的尺寸大小来显示。如果第 2 幅图像比第 1 幅图像大，那么将缩小显示；反之，则放大显示。为避免第 2 幅图像可能出现的失真现象，在制作和选择两幅图像时，尺寸应保持一致。

二、导航条

导航条是由一组按钮或者图像组成的，这些按钮或者图像链接各分支页面，起到导航的作用。导航条也是基于图像的比较特殊的链接形式，属于图像对象的范畴。

创建导航条的方法是，选择菜单命令【插入】/【图像对象】/【导航条】，或在【插入】/【常用】面板中单击 导航条 按钮，弹出【插入导航条】对话框并进行参数设置即可，如图 4-25 所示。

导航条通常包括以下 4 种状态。

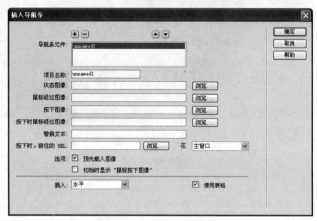

图4-25 【插入导航条】对话框

- 【状态图像】：用户还未单击图像或图像未交互时显现的状态。
- 【鼠标经过图像】：当鼠标指针移动到图像上时，元素变换而显现的状态。例如，图像可能变亮、变色或变形，从而让用户知道可以与之交互。
- 【按下图像】：单击图像后显现的状态。例如，当用户单击按钮时，新页面被载入且导航条仍是显示的，但被单击过的按钮会变暗或者凹陷，表明此按钮已被按下。
- 【按下时鼠标经过图像】：单击按钮后，鼠标指针移动到被按下元素上时显现的图像。例如，按钮可能变暗或变灰，可以用这个状态暗示用户：在站点的这个部分该按钮已不能被再次单击。

制作导航条时不一定要全部包括 4 种状态的导航条图像。即使只有"状态图像"和"鼠标经过图像"，也可以创建一个导航条，不过最好还是将4种状态的图像都包括，这样会使导航条看起来更生动。

三、脚本链接

超级链接不仅可以用来实现页面之间的跳转，也可以用来直接调用 JavaScript 语句。这种单击链接便执行 JavaScript 语句的超级链接通常称为 JavaScript 链接。创建 JavaScript 链接的方法是，首先选定文本或图像，然后在【属性】面板的【链接】文本框中输入"JavaScript:"，后面跟一些JavaScript 代码或函数调用即可。

下面对经常用到的 JavaScript 代码进行简要说明。

- JavaScript:alert('字符串')：弹出一个只包含【确定】按钮的对话框，显示"字符串"的内容，整个文档的读取、Script 的运行都会暂停，直到用户单击"确定"为止。
- JavaScript:history.go(1)：前进，与浏览器窗口上的"前进"按钮是等效的。
- JavaScript:history.go(-1)：后退，与浏览器窗口上的"后退"按钮是等效的。
- JavaScript:history.forward(1)：前进，与浏览器窗口上的"前进"按钮是等效的。
- JavaScript:history.back(1)：后退，与浏览器窗口上的"后退"按钮是等效的。
- JavaScript:history.print()：打印，与在浏览器菜单栏中选择菜单命令【文件】/【打印】是一样的。
- JavaScript:window.external.AddFavorite('http://www.laohu.net','老虎工作室')：收藏指定的网页。
- JavaScript:window.close()：关闭窗口。如果该窗口有状态栏，调用该方法后浏览器会警告："网页正在试图关闭窗口，是否关闭？"，然后等待用户选择是否关闭；如果没有状态栏，调用该方法将直接关闭窗口。

4.2.2 范例解析——设置导航条

首先将附盘"范例解析\素材\第 4 讲\4-2-2"文件夹下的内容复制到站点根文件夹下，然后打开文档"4-2-2.htm"创建导航条超级链接，最终效果如图 4-26 所示。

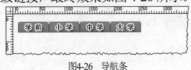

图4-26 导航条

这是设置导航条超级链接的例子，可以通过菜单命令【插入】/【图像对象】/【导航条】打开对话框进行设置，具体操作步骤如下。

1. 打开文档"4-2-2.htm"，选择菜单命令【插入】/【图像对象】/【导航条】，打开【插入导航条】对话框。
2. 在【插入导航条】对话框的【项目名称】文本框内输入图像名称"nav01"。
3. 单击【状态图像】文本框右侧的 浏览... 按钮，为状态图像设置路径 "images/nav1-1.jpg"。
4. 依次为【鼠标经过图像】、【按下图像】、【按下时鼠标经过图像】选项设置具体的文件路径，本例只设置【鼠标经过图像】选项的路径 "images/nav1-2.jpg"。
5. 在【替换文本】文本框内输入图像的提示信息 "学前"。
6. 在【按下时，前往的 URL】文本框内设置所指向的文件路径 "xueqian.htm"。右侧下拉列表中只有【主窗口】一项，相当于链接的【目标】属性为 "_top"。如果当前的文档包含框架，那么列表中会显现其他框架页。
7. 勾选【预先载入图像】选项，在【插入】下拉列表中选择 "水平"，勾选【使用表格】选项。
8. 单击对话框上方的 ⊞ 按钮，按照相同的方法继续添加导航条中的其他图像，如图 4-27 所示。

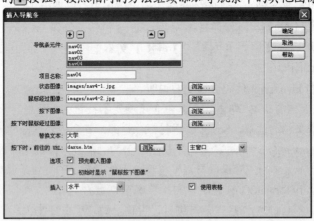

图4-27 【插入导航条】对话框

9. 单击 确定 按钮，文档中就添加了具有图像翻转功能的导航条，按 F12 键在浏览器中预览，效果如图 4-28 所示。

图4-28 导航条

4.2.3 课堂实训——设置鼠标经过图像

首先将附盘"课堂实训\素材\第 4 讲\4-2-3"文件夹下的内容复制到站点根文件夹下，然后打开文档"4-2-3.htm"创建导航条超级链接，最终效果如图 4-29 所示。

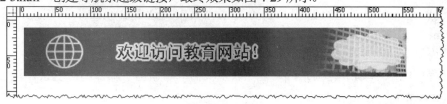

图4-29 鼠标经过图像

这是设置鼠标经过图像超级链接的例子，可以通过菜单命令【插入】/【图像对象】/【鼠标经过图像】打开对话框进行设置。

【步骤提示】

1. 打开文档"4-2-3.htm"，然后选择菜单命令【插入】/【图像对象】/【鼠标经过图像】，打开【插入鼠标经过图像】对话框。
2. 在【图像名称】文本框内输入图像文件的名称，这个名称是自定义的。
3. 单击【原始图像】和【鼠标经过图像】文本框右边的 浏览... 按钮，添加这两个状态下的图像文件的路径。
4. 在【替换文本】文本框内输入替换文本提示信息"教育网"。
5. 在【按下时，前往的 URL】文本框内设置所指向文件的路径"http://www.edu.cn"，如图 4-30所示。

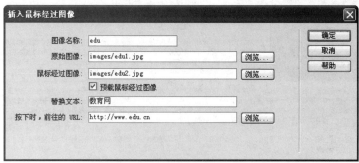

图4-30 【插入鼠标经过图像】对话框

6. 单击 确定 按钮插入鼠标经过图像，保存文档并在浏览器中预览，当鼠标指向图像上面时，效果如图 4-31 所示。

图4-31 插入鼠标经过图像

7. 保存文档。

4.3 综合案例——设置"宇宙速度"网页中的超级链接

将附盘"综合案例\素材\第 4 讲"文件夹下的内容复制到站点根文件夹下，然后根据要求设置文档中的超级链接，最终效果如图 4-32 所示。

(1) 设置文本和图像超级链接。设置文本"直接阅读英文全文"的链接目标文件为"English.htm"，设置网页中图像"images/sudus.jpg"的链接目标文件为"picture.htm"，打开目标窗口的方式均为在新窗口中打开。

(2) 设置电子邮件超级链接。给文本"联系我们"添加电子邮件超级链接，链接地址为"yx2008@yi.com"。

(3) 设置脚本链接。给文本"前进"、"后退"、"打印本页"和"关闭窗口"依次添加相应的脚本链接。

(4) 创建锚记超级链接。在文档"cosmic speed"（即文件 English.htm）中每段的开头依次添加锚记"a"、"b"、"c"、"d"、"e"、"f"、"g"和"h"，然后给"宇宙速度"网页每段结尾处< >中的文本"对应英文"依次添加锚记超级链接，分别链接到文件"English.htm"中对应的英文，并且在新建窗口中打开。

(5) 设置文本状态。设置链接颜色为"#060"，变换图像链接颜色为"#F00"，且仅在变换图像时显示下划线。

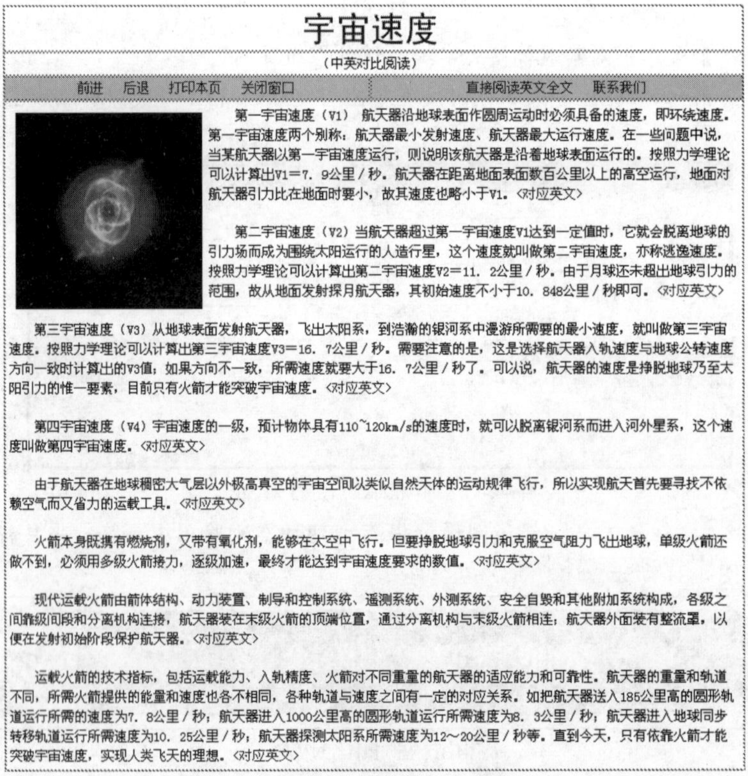

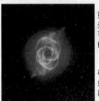

图4-32 设置"宇宙速度"网页中的超级链接

这是设置超级链接的例子，可以通过【属性】面板、菜单命令以及【页面属性】对话框进行设置。

【操作步骤】

1. 打开网页文档"4-3.htm",如图4-33所示。

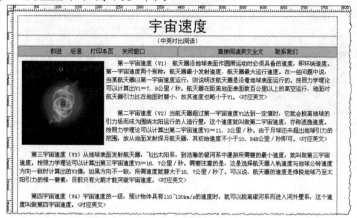

图4-33 设置超级链接

2. 设置文本和图像超级链接。

(1) 选中文本"直接阅读英文全文",在【属性】面板的【链接】下拉列表中定义链接地址"English.htm",在【目标】下拉列表中选择"_blank"。

(2) 选中图像"images/sudus.jpg",在【属性】面板的【链接】下拉列表中定义链接地址"picture.htm",在【目标】下拉列表中选择"_blank"。

3. 设置电子邮件超级链接:选中文本"联系我们",然后选择菜单命令【插入记录】/【电子邮件】,打开【电子邮件链接】对话框,在【E-mail】文本框中均输入电子邮箱地址"yx2008@yi.com"。

4. 设置脚本链接。

(1) 选中文本"前进",在【属性】面板的【链接】下拉列表中输入 JavaScript 脚本代码"JavaScript:history.go(1)"。

(2) 选中文本"后退",在【属性】面板的【链接】下拉列表中输入 JavaScript 脚本代码"JavaScript:history.go(-1)"。

(3) 选中文本"打印本页",在【属性】面板的【链接】下拉列表中输入 JavaScript 脚本代码"JavaScript:history.print()"。

(4) 选中文本"关闭窗口",在【属性】面板的【链接】下拉列表中输入 JavaScript 脚本代码"JavaScript:history.close()"。

5. 创建锚记超级链接。

(1) 打开文档"English.htm",并将鼠标光标置于正文第1段的开头。

(2) 选择菜单命令【插入记录】/【命名锚记】,打开【命名锚记】对话框。

(3) 在【锚记名称】文本框中输入"a",单击 确定 按钮在光标处插入一个锚记。

(4) 按照相同的步骤在正文中的其他段落开头依次添加命名锚记"b"、"c"、"d"、"e"、"f"、"g"和"h"。

(5) 在网页文档"shili.htm"中,用鼠标选中正文第1段结尾处< >中的文本"对应英文",然后在【属性】面板的【链接】下拉列表中输入链接目标地址和锚记名称"English.htm#a",并在【目标】下拉列表中选择"_blank"选项,如图4-34所示。

图4-34　设置锚记超级链接

(6) 按照相同的步骤依次给正文中其他段落结尾处< >中的文本"对应英文"添加相应的锚记超级链接。

6. 设置文本状态。

(1) 选择菜单命令【修改】/【页面属性】，打开【页面属性】对话框。

(2) 在【链接】分类中，在【链接颜色】右侧的文本框中输入颜色代码"#060"。

(3) 在【变换图像链接】右侧的文本框中输入颜色代码"#F00"。

(4) 在【下划线样式】下拉列表中选择"仅在变换图像时显示下划线"选项。

(5) 单击 确定 按钮关闭对话框。

7. 保存文件。

4.4 课后作业

将附盘"课后作业\第 4 讲\素材"文件夹下的内容复制到站点根文件夹下，然后根据步骤提示设置"日月潭"网页中的超级链接，如图4-35所示。

图4-35　设置"日月潭"网页中的超级链接

【步骤提示】

(1) 设置文本和图像超级链接：设置文本"更多内容"的链接地址为"http://www.google.cn"，设置网页中所有图像的链接目标文件为"picture.htm"，打开目标窗口的方式均为在新窗口中打开。

(2) 设置电子邮件超级链接：给文本"联系我们"添加电子邮件超级链接，链接地址为"yx2008@yi.com"。

(3) 设置脚本链接：给文本"打印本页"添加相应的脚本链接。

(4) 创建锚记超级链接：在正文中的"地理"、"风景"和"传说"处依次添加命名锚记"a"、"b"和"c"，然后给文档顶端的文本"地理"、"风景"和"传说"依次添加锚记超级链接，分别链接相应的命名锚记。

第 5 讲

使用 CSS 样式和 Div 标签

CSS 样式表技术是当前网页设计中非常流行的样式定义技术，Div 标签是与 CSS 样式密不可分的布局技术，本讲将介绍 CSS 样式和 Div 标签的基本知识。本讲课时为 3 小时。

学习目标

◆ 了解CSS样式的类型和属性。

◆ 掌握创建和应用CSS样式的方法。

◆ 掌握使用Div标签布局网页的方法。

5.1 CSS 样式

CSS（Cascading Style Sheet，可译为"层叠样式表"或"级联样式表"）是一组格式设置规则，用于控制 Web 页面的外观。通过使用 CSS 样式设置页面的格式，可将页面的内容与表现形式分离。页面内容存放在 HTML 文档中，而用于定义表现形式的 CSS 规则则存放在另一个独立的样式表文件中或 HTML 文档的某一部分，通常为文件头部分。

5.1.1 功能讲解

下面介绍创建和应用 CSS 样式的基本方法。

一、 创建 CSS 样式

在第 3 讲，简要介绍了使用文本【属性】面板创建 CSS 样式的方法。另外，还可以通过【CSS 样式】面板创建 CSS 样式，方法如下。

(1) 选择菜单命令【窗口】/【CSS 样式】，打开【CSS 样式】面板，如图 5-1 所示。

在【所有规则】列表中，每选择一个规则，在【属性】列表中将显示相应的属性和属性值。单击 全部 按钮，将显示文档所涉及的全部 CSS 样式；单击 正在 按钮，将显示文档中鼠标光标所处位置正在使用的 CSS 样式。

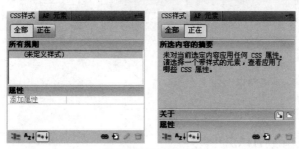

图5-1 【CSS 样式】面板

(2) 单击【CSS 样式】面板底部的 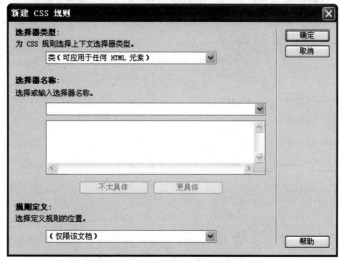 按钮，打开【新建 CSS 规则】对话框，如图 5-2 所示。在【选择器类型】下拉列表中为 CSS 样式选择一种类型，其中包括 4 个选项。

图5-2 【新建 CSS 规则】对话框

- 【类（可应用于任何 HTML 元素）】：利用该类选择器可创建自定义名称的 CSS 样式，能够应用在网页中的任何标签上。例如，可以在样式表中加入名为 ".pstyle" 的类样式，代码如下。

```
<style type="text/css">
<!--
.pstyle {
font-size: 12px;
line-height: 25px;
text-indent: 30px;
}
-->
</style>
```

在网页文档中可以使用 class 属性引用 ".pstyle" 类，凡是含有 "class=".pstyle"" 的标签都应用该样式，class 属性用于指定元素属于何种样式的类。

```
<p class=".pstyle">…</p>
```

- 【ID（仅应用于一个 HTML 元素）】：利用该类选择器可以为网页中特定的标记定义

样式，即通过标记的 ID 编号来实现，如以下 CSS 规则。

```
<style type="text/css">
<!--
#mytext { font-size: 24 }
-->
</style>
```

可以通过 ID 属性应用到 HTML 中。

```
<P ID= "mytext" >…</P>
```

- 【标签（重新定义 HTML 元素）】：利用该类选择器可对 HTML 标签进行重新定义、规范或者扩展其属性。例如，当创建或修改 "h2" 标签（标题 2）的 CSS 样式时，所有用 "h2" 标签进行格式化的文本都将被立即更新，如下面的代码。

```
<style type="text/css">
<!--
h2 {
        font-family: "黑体";
        font-size: 24px;
        color: #FF0000;
        text-align: center;
}
-->
</style>
```

因此，重定义标签时应多加小心，因为这样做有可能会改变许多页面的布局。比如说，如果对 "table" 标签进行重新定义，就会影响到其他使用表格的页面布局。

- 【复合内容（基于选择的内容）】：利用该项可以创建复杂的选择器，如 "td h2" 表示所有在单元格中出现 "h2" 的标题。而 "#myStyle1 a:visited, #myStyle2 a:link, #myStyle3…" 表示可以一次性定义相同属性的多个 CSS 样式。

（3） 在【选择器类型】下拉列表中选择一种类型后，需要在【选择器名称】列表框中选择或输入相应的选择器名称。

类样式的名称需要在【选择器名称】列表框中输入，以点开头，如果没有输入点，Dreamweaver 将自动添加。ID 样式名称也需要在【选择器名称】列表框中输入，以 "#" 开头，如果没有输入 "#"，Dreamweaver 将自动添加。标签样式名称直接在列表框中选择即可。复合内容样式名称在选择内容后将自动出现在列表框中，也可手动输入，如 "body table tr td"。

（4） 最后需要在【规则定义】列表框中选择所定义规则的位置，共两个选项："（仅限该文档）" 和 "（新建样式表文件）"。

如果选择 "（仅限该文档）" 选项，单击 确定 按钮后将打开规则定义对话框进行规则定义，如果选择 "（新建样式表文件）" 选项，单击 确定 按钮后将打开【将样式表文件另存为】对话框，此时需要在【文件名】文本框中输入文件名，样式表文件的扩展名为 ".css"，在【相对于】下拉列表中选择 "文档"，如图 5-3 所示。单击 保存(S) 按钮后将打开规则定义对话框进行规则定义。

图5-3 【将样式表文件另存为】对话框

二、 CSS 属性

Dreamweaver CS4 将 CSS 属性分为 8 大类：类型、背景、区块、方框、边框、列表、定位和扩展，可以在 CSS 规则定义对话框中进行设置。

(1) 类型。

类型属性主要用于定义网页中文本的字体、大小、颜色、样式、行高及文本链接的修饰效果等，如图 5-4 所示。

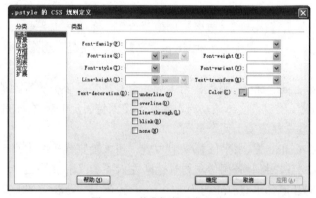

图5-4 CSS 的【类型】分类对话框

【类型】分类对话框中包含了 9 种 CSS 属性，全部是针对网页中的文本的。

- 【Font-family】：字体，用于设置文本的字体，可以手动编辑字体列表。
- 【Font-size】：大小，用于设置文本的大小，支持 9 种度量单位。
- 【Font-weight】：粗细，用于设置文本粗细效果，有【normal】（正常）、【bold】（粗体）、【bolder】（特粗）、【lighter】（细体）及 9 组具体粗细值 13 种选项。
- 【Font-style】：样式，用于设置字体的样式风格，有【normal】（正常）、【italic】（斜体）和【oblique】（偏斜体）3 个选项。
- 【Font-variant】：变体，可以将正常文字缩小一半尺寸后大写显示。
- 【Line-height】：行高，用于设置行与行之间的垂直距离，有【normal】（正常）和【（value）】（值，常用单位为"px(像素)"）两个选项。
- 【Text-transform】：大小写，有【capitalize】（首字母大写）、【uppercase】（大写）、【lowercase】（小写）和【none】（无）4 个选项。

- 【Text-decoration】：修饰，用于控制链接文本的显示形态，有【underline】（下划线）、【overline】（上划线）、【line-through】（删除线）、【blink】（闪烁）和【none】（无，使上述效果都不会发生）等 5 种修饰方式可供选择。
- 【Color】：颜色，用于设置文本的颜色。

(2) 背景。

背景属性主要用于设置背景颜色或背景图像，其属性对话框如图 5-5 所示。

图5-5　CSS 的【背景】分类对话框

【背景】分类对话框中包含以下 5 种 CSS 属性。

- 【Background-color】：背景颜色，用于设置背景颜色。
- 【Background-image】：背景图像，用于设置背景图像。
- 【Background-repeat】：重复，用于设置背景图像的平铺方式，有【no-repeat】（不重复，图像不平铺）、【repeat】（重复，图像沿水平、垂直方向平铺）、【repeat-X】（横向重复，图像沿水平方向平铺）和【repeat-Y】（纵向重复，图像沿垂直方向平铺）4 个选项。
- 【Background-attachment】：附件，用来控制背景图像是否会随页面的滚动而一起滚动，有【fixed】（固定，文字滚动时，背景图像保持固定）和【scroll】（滚动，背景图像随文字内容一起滚动）两个选项。
- 【Background-position】：水平位置/垂直位置，用来确定背景图像的水平/垂直位置。有【left】（左对齐，将背景图像与前景元素左对齐）、【right】（右对齐）、【top】（顶部）、【bottom】（底部）、【center】（居中）和【（值）】（value，自定义背景图像的起点位置，可对背景图像的位置做出更精确的控制）等选项。

(3) 区块。

区块属性主要用于控制网页元素的间距、对齐方式等，其属性对话框如图 5-6 所示。

图5-6　CSS 的【区块】分类对话框

该分类对话框中包含以下 7 种 CSS 属性。

- 【Word-spacing】：单词间距，主要用于控制文字间相隔的距离，有【normal】（正常）和【（值）】（value，自定义间隔值）两个选项。当选择【（值）】选项时，可用的单位有 8 种。

- 【Letter-spacing】：字母间距，其作用与单词间距类似，也有【normal】（正常）和【值】（value，自定义间隔值）两个选项。

- 【Vertical-align】：垂直对齐，用于控制文字或图像相对于其母体元素的垂直位置。如果将一个 2×3 像素的 GIF 图像同其母体元素文字的顶部垂直对齐，则该 GIF 图像将在该行文字的顶部显示。该属性共有【baseline】（基线，将元素的基准线同母体元素的基准线对齐）、【sub】（下标，将元素以下标的形式显示）、【super】（上标，将元素以上标的形式显示）、【top】（顶部，将元素顶部同最高的母体元素对齐）、【text-top】（文本顶对齐，将元素的顶部同母体元素文字的顶部对齐）、【middle】（中线对齐，将元素的中点同母体元素的中点对齐）、【bottom】（底部，将元素的底部同最低的母体元素对齐）、【text-bottom】（文本底对齐，将元素的底部同母体元素文字的底部对齐）及【（值）】（value，自定义）等 9 个选项。

- 【Text-align】：文本对齐，用于设置块的水平对齐方式，有【left】（左对齐）、【right】（右对齐）、【center】（居中）和【justify】（两端对齐）4 个选项。

- 【Text-indent】：文字缩进，用于控制块的缩进程度。

- 【White-space】：空格，在 HTML 中，空格是被省略的，也就是说，在一个段落标签的开头无论输入多少个空格都是无效的。要输入空格有两种方法，一是直接输入空格的代码 " "，再者是使用 "<pre>" 标签。在 CSS 中则使用属性 "white-space" 控制空格的输入。该属性有【normal】（正常）、【pre】（保留）和【nowrap】（不换行）3 个选项。

- 【Display】：用于设置区块的显示方式，共有 19 种方式。分别是【none】（无）、【inline】（内嵌）、【block】（块）、【list-item】（列表项）、【run-in】（追加部分）、【inline-block】（内联块）、【compact】（紧凑）、【marker】（标记）、【table】（表格）、【inline-table】（内嵌表格）、【table-row-group】（表格行组）、【table-header-group】（表格标题组）、【table-footer-group】（表格注脚组）、【table-row】（表格行）、【table-column-group】（表格列组）、【table-column】（表格列）、【table-cell】（表格单元格）、【table-caption】（表格标题）和【inherit】（继承）。

(4) 方框。

CSS 将网页中所有的块元素都看作是包含在一个方框中的。【方框】分类对话框如图 5-7 所示。该分类对话框中包含以下 6 种 CSS 属性。

图5-7 CSS 的【方框】分类对话框

- 【Width】：宽，用于设置方框本身的宽度，可以使方框的宽度不依靠它所包含内容的多少。
- 【Height】：高，用于设置方框本身的高度。
- 【Float】：浮动，用于设置块元素的浮动效果。
- 【Clear】：清除，用于清除设置的浮动效果。
- 【Padding】：填充，用于设置围绕块元素的空格填充数量，包含【padding-top】（上，控制上留白的宽度）、【padding-right】（右，控制右留白的宽度）、【padding-bottom】（下，控制下留白的宽度）和【padding-left】（左，控制左留白的宽度）4 个选项。
- 【Margin】：边界，用于设置围绕边框的边距大小，包含【margin-top】（上，控制上边距的宽度）、【margin-right】（右，控制右边距的宽度）、【Margin-bottom】（下，控制下边距的宽度）和【margin-left】（左，控制左边距的宽度）4 个选项。

(5) 边框。

网页元素边框的效果是在【边框】分类对话框中进行设置的，如图 5-8 所示。

图5-8　CSS 的【边框】分类对话框

【边框】分类对话框中共包括 3 种 CSS 属性。

- 【Style】：样式，用于设置边框线的样式，共有【none】（无，无边框）、【dotted】（虚线，边框为点线）、【dashed】（点划线，边框为长短线）、【solid】（实线，边框为实线）、【double】（双线，边框为双线）、【groove】（槽状）、【ridge】（脊状）、【inset】（凹陷）和【outset】（凸出，前面 4 种选择根据不同颜色设置不同的三维效果）9 个选项。
- 【Width】：宽度，用于设置边框的宽度，包括【thin】（细）、【medium】（中）、【thick】（粗）和【（值）】4 个选项。
- 【Color】：颜色，用于设置各边框的颜色。如果想使边框的 4 条边显示不同的颜色，可以在设置中分别列出各种颜色。

(6) 列表。

列表属性用于控制列表内的各项元素，其分类对话框如图 5-9 所示。

该分类对话框中包含了以下 3 种 CSS 属性。

- 【List-style-type】：类型，用于设置列表内每一项前使用的符号，有【disc】（圆点）、【circle】（圆圈）、【square】（方块）、【decimal】（数字，十进制数值）、【lower-roman】（小写罗马数字）、【upper-roman】（大写罗马数字）、【lower-alpha】（小写字母）、【upper-alpha】（大写字母）和【none】（无）等 9 个选项。

- 【List-style-image】：项目符号图像，其作用是将列表前面的符号换为图形。
- 【List-style-position】：位置，用于描述列表的位置，有【outside】（外，在方框之外显示）和【inside】（内，在方框之内显示）两个选项。

图5-9 · CSS 的【列表】分类对话框

列表属性不仅可以修改列表符号的类型，还可以使用自定义的图像来代替列表符号，这就使得文档中的列表格式有了更多的外观。

(7) 定位。

定位属性可以使网页元素随处浮动，这对于一些固定元素（如表格）来说，是一种功能的扩展，而对于一些浮动元素（如层）来说，却是有效地、用于精确控制其位置的方法，其分类对话框如图 5-10 所示。

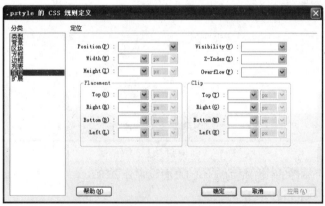

图5-10 CSS 的【定位】分类对话框

【定位】分类对话框中主要包含以下 8 种 CSS 属性。

- 【Position】：类型，用于确定定位的类型，共有【absolute】（绝对，使用【定位】框中输入的坐标来放置元素，坐标原点为页面左上角）、【relative】（相对，使用【定位】框中输入的坐标来放置元素，坐标原点为当前位置）、【static】（静态，不使用坐标，只使用当前位置）和【fixed】（固定）4 个选项。
- 【Visibility】：显示，用于将网页中的元素隐藏，共有【inherit】（继承，继承母体要素的可视性设置）、【visible】（可见）和【hidden】（隐藏）3 个选项。
- 【Width】：宽，用于设置元素的宽度。
- 【Z-index】：z 轴，用于控制网页中块元素的叠放顺序，可以为元素设置重叠效果。

该属性的参数值使用纯整数，其值为 "0" 时，元素在最下层，适用于绝对定位或相对定位的元素。

- 【Height】：高，用于设置元素的高度。
- 【Overflow】：溢出。在确定了元素的高度和宽度后，如果元素的面积不能全部显示元素中的内容时，该属性便起作用了。该属性的下拉列表中共有【visible】（可见，扩大面积以显示所有内容）、【hidden】（隐藏，隐藏超出范围的内容）、【scroll】（滚动，在元素的右边显示一个滚动条）和【auto】（自动，当内容超出元素面积时，自动显示滚动条）4 个选项。
- 【Placement】：定位，为元素确定了绝对和相对定位类型后，该组属性决定元素在网页中的具体位置，包含有 4 个子属性，分别是【Top】（上，控制元素上面的起始位置）、【Right】（右）、【Bottom】（下）和【Left】（左，控制元素左边的起始位置）。
- 【Clip】：剪辑。当元素被指定为绝对定位类型后，该属性可以把元素区域剪切成各种形状，但目前提供的只有方形一种，其属性值为 "rect(top right bottom left)"，即 "clip: rect(top right bottom left)"，属性值的单位为任何一种长度单位。

(8) 扩展。

【扩展】分类对话框包含两部分，如图 5-11 所示。

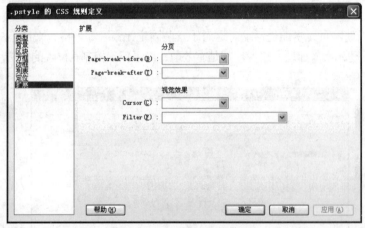

图5-11　CSS 的【扩展】分类对话框

【分页】栏中两个属性的作用是为打印的页面设置分页符。

- 【Page-break-before】：之前。
- 【Page-break-after】：之后。

【视觉效果】栏中的两个属性的作用是为网页中的元素施加特殊效果。

- 【Cursor】：光标，可以指定在某个元素上要使用的鼠标光标形状，共有 15 种选择方式，分别代表鼠标光标在 Windows 操作系统里的各种形状。另外，该属性还可以指定鼠标光标图标的 URL 地址。
- 【Filter】：过滤器，可为网页元素设置多种特殊显示效果，如阴影、模糊、透明和光晕等。

三、　应用 CSS 样式

在已经创建好的 CSS 样式中，标签 CSS 样式、ID 名称 CSS 样式和复合 CSS 样式基本上都是自动应用的。重新定义了标签的 CSS 样式，凡是使用该标签的内容将自动应用该标签 CSS 样式。如重新定义了段落标签<p>的 CSS 样式，凡是使用标签<p>的内容都将应用其样式。定义了 ID 名称 CSS 样式，拥有该 ID 名称的对象将应用该样式。复合内容 CSS 样式将自动应用到所选择的内容上。类样式的应用需要进行手动设置，方法有以下几种。

(1) 通过【属性】面板。

首先选中要应用 CSS 样式的内容，然后在 HTML【属性】面板的【类】下拉列表中选择已经创建好的样式，或者在 CSS【属性】面板的【目标规则】下拉列表中选择已经创建好的样式，如图 5-12 所示。

图5-12 通过【属性】面板应用样式

(2) 通过菜单命令【格式】/【CSS 样式】。

首先选中要应用 CSS 样式的内容，然后选择菜单命令【格式】/【CSS 样式】，从子菜单中选择一种设置好的样式，这样就可以将被选择的样式应用到所选的内容上，如图 5-13 所示。

(3) 通过【CSS 样式】面板下拉菜单中的【套用】命令。

首先选中要应用 CSS 样式的内容，然后在【CSS 样式】面板中选中要应用的样式，再在面板的右上角单击■按钮，或者直接单击鼠标右键，从弹出的快捷菜单中选择【套用】命令即可应用样式，如图 5-14 所示。

图5-13 通过菜单命令【文本】/【CSS 样式】应用样式

图5-14 通过【套用】命令

四、 附加样式表

外部样式表通常是供多个网页使用的，其他网页文档要想使用已创建的外部样式表，必须通过【附加样式表】命令将样式表文件链接或者导入到文档中。附加样式表通常有两种途径：链接和导入。在【CSS 样式】面板中单击 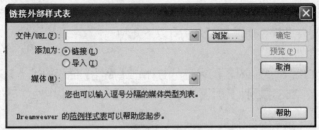 （附加样式表）按钮，打开【链接外部样式表】对话框，如图 5-15 所示。

图5-15 【链接外部样式表】对话框

在对话框中选择要附加的样式表文件，然后选择【导入】选项，最后单击 确定 按钮将文件导入。通过查看网页的源代码可以发现，在文档的 "<head>…</head>" 标签之间有如下代码。

```
@import url("main.css");
```

如果选择【链接】选项，则代码如下。

```
<link href="main.css" rel="stylesheet" type="text/css">
```

将 CSS 样式表引用到文档中，既可以选择【链接】方式也可以选择【导入】方式。如果要将一个 CSS 样式文件引用到另一个 CSS 样式文件当中，只能使用【导入】方式。

5.1.2 范例解析——设置"理想与人生"CSS 样式

首先将附盘"范例解析\素材\第 5 讲\5-1-2"文件夹下的内容复制到站点根文件夹下，然后创建 CSS 样式控制网页外观，最终效果如图 5-16 所示。

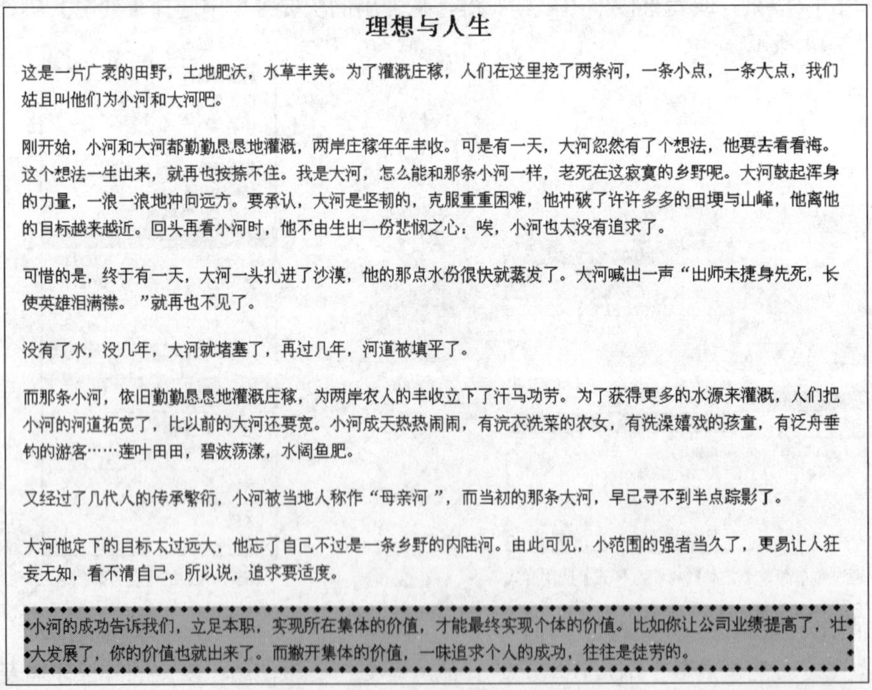

理想与人生

这是一片广袤的田野，土地肥沃，水草丰美。为了灌溉庄稼，人们在这里挖了两条河，一条小点，一条大点，我们姑且叫他们为小河和大河吧。

刚开始，小河和大河都勤勤恳恳地灌溉，两岸庄稼年年丰收。可是有一天，大河忽然有了个想法，他要去看看海。这个想法一生出来，就再也按捺不住。我是大河，怎么能和那条小河一样，老死在这寂寞的乡野呢。大河鼓起浑身的力量，一浪一浪地冲向远方。要承认，大河是坚韧的，克服重重困难，他冲破了许许多多的田埂与山峰，他离他的目标越来越近。回头再看看小河时，他不由生出一份悲悯之心：唉，小河也太没有追求了。

可惜的是，终于有一天，大河一头扎进了沙漠，他的那点水份很快就蒸发了。大河喊出一声"出师未捷身先死，长使英雄泪满襟。"就再也不见了。

没有了水，没几年，大河就堵塞了，再过几年，河道被填平了。

而那条小河，依旧勤勤恳恳地灌溉庄稼，为两岸农人的丰收立下了汗马功劳。为了获得更多的水源来灌溉，人们把小河的河道拓宽了，比以前的大河还要宽。小河成天热热闹闹，有浣衣洗菜的农女，有洗澡嬉戏的孩童，有泛舟垂钓的游客……莲叶田田，碧波荡漾，水阔鱼肥。

又经过了几代人的传承繁衍，小河被当地人称作"母亲河"，而当初的那条大河，早已寻不到半点踪影了。

大河他定下的目标太过远大，他忘了自己不过是一条乡野的内陆河。由此可见，小范围的强者当久了，更易让人狂妄无知，看不清自己。所以说，追求要适度。

小河的成功告诉我们，立足本职，实现所在集体的价值，才能最终实现个体的价值。比如你让公司业绩提高了，壮大发展了，你的价值也就出来了。而撇开集体的价值，一味追求个人的成功，往往是徒劳的。

图5-16 设置"理想与人生"CSS 样式

这是使用 CSS 样式控制网页外观的例子，可以通过【CSS 样式】面板创建相应的样式，具体操作步骤如下。

1. 打开文档 "5-1-2.htm"，然后选择菜单命令【窗口】/【CSS 样式】，打开【CSS 样式】面板。

2. 单击 按钮打开【新建 CSS 规则】对话框，重新定义标签 "body" 的 CSS 样式，如图 5-17 所示。

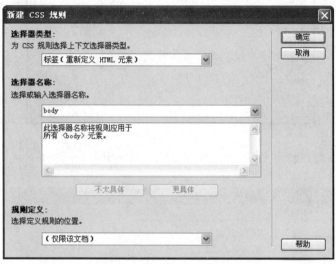

图5-17 【新建CSS规则】对话框

3. 单击 确定 按钮，打开【body 的 CSS 规则定义】对话框，将字体设置为 "宋体"，大小设置为 "16 px"，方框宽度设置为 "800 px"，如图 5-18 所示。

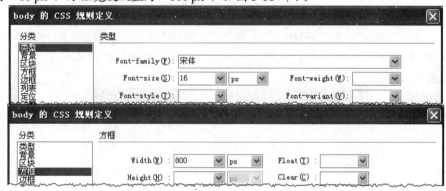

图5-18 定义标签 "body" 的 CSS 样式

4. 将鼠标光标置于文档标题 "理想与人生" 处，在 HTML【属性】面板的【格式】下拉列表中选择 "标题2"，然后在【ID】列表中输入 "title"，如图 5-19 所示。

图5-19 设置标题格式和ID名称

5. 在【CSS 样式】面板中单击 按钮打开【新建 CSS 规则】对话框，创建 ID 名称 CSS 样式 "#title"，如图 5-20 所示。

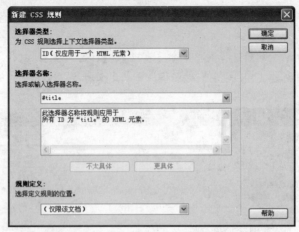

图5-20　创建ID名称CSS样式"#title"

6. 单击 确定 按钮，打开【#title 的 CSS 规则定义】对话框，将对齐方式设置为"center"，如图 5-21 所示。

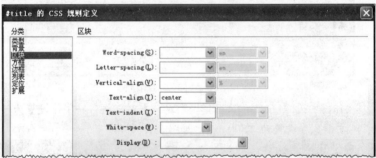

图5-21　【#title 的CSS规则定义】对话框

7. 在【CSS 样式】面板中单击 按钮打开【新建 CSS 规则】对话框，创建类 CSS 样式 ".pstyle"，如图 5-22 所示。

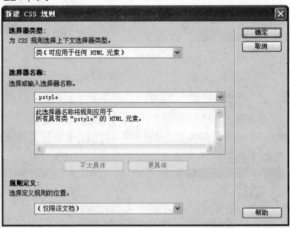

图5-22　创建类CSS样式".pstyle"

8. 单击 确定 按钮，打开【.pstyle 的 CSS 规则定义】对话框，将行高设置为"26px"，如图 5-23 所示。

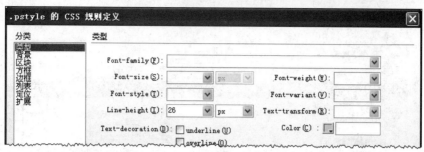

图5-23 【.pstyle 的 CSS 规则定义】对话框

9. 选中所有正文文本，然后在 HTML【属性】面板的【类】下拉列表中选择 "pstyle"，如图 5-24 所示。

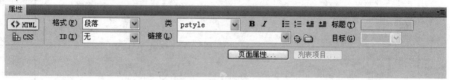

图5-24 应用类 CSS 样式

10. 将鼠标光标置于最后一段，在【ID】列表框中设置段落标签 "p" 的 ID 名称 "finap"，如图 5-25 所示。

图5-25 设置段落标签 "p" 的 ID 名称

11. 在【CSS 样式】面板中单击 🔁 按钮打开【新建 CSS 规则】对话框，创建 ID 名称 CSS 样式 "# finap"，如图 5-26 所示。

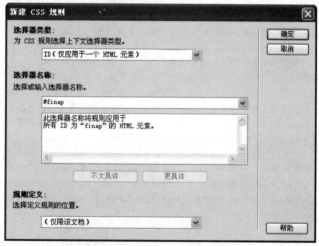

图5-26 创建 ID 名称 CSS 样式 "# finap"

12. 单击 确定 按钮，打开【# finap 的 CSS 规则定义】对话框，参数设置如图 5-27 所示。

#finap 的 CSS 规则定义
分类
类型
背景
区块
方框
边框
背景
Background-color (C):
#CCC
Background-image (I):
浏览...
#finap 的 CSS 规则定义
分类
方框
Width (W):
800
px
Float (T):
Height (H):
Clear (C):
#finap 的 CSS 规则定义
分类
类型
背景
区块
方框
边框
列表
定位
扩展
边框
Style
Width
Color
全部相同 (S)
全部相同 (F)
全部相同 (O)
Top (T):
Right (R):
Bottom (B):
Left (L):
dotted
thick
px
#000

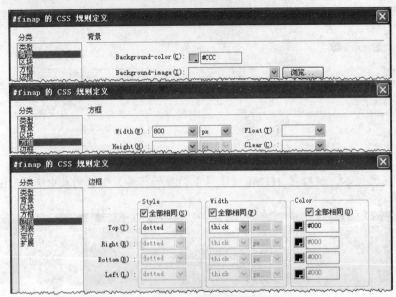

图5-27 【# finap 的 CSS 规则定义】对话框

13. 保存文件。

5.1.3 课堂实训——设置“文竹”CSS 样式

首先将附盘“课堂实训\素材\第 5 讲\5-1-3”文件夹下的内容复制到站点根文件夹下，然后创建 CSS 样式控制网页外观，最终效果如图 5-28 所示。

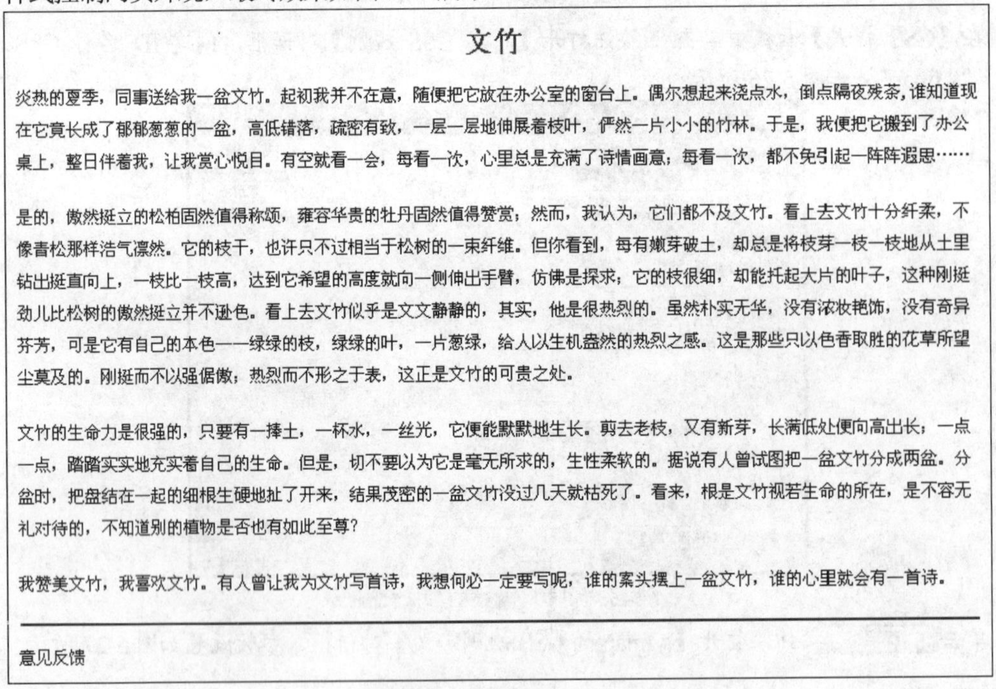

文竹
炎热的夏季，同事送给我一盆文竹。起初我并不在意，随便把它放在办公室的窗台上。偶尔想起来浇点水，倒点隔夜残茶，谁知道现在它竟长成了郁郁葱葱的一盆，高低错落，疏密有致，一层一层地伸展着枝叶，俨然一片小小的竹林。于是，我便把它搬到了办公桌上，整日伴着我，让我赏心悦目。有空就看一会，每看一次，心里总是充满了诗情画意；每看一次，都不免引起一阵阵遐思……
是的，傲然挺立的松柏固然值得称颂，雍容华贵的牡丹固然值得赞赏；然而，我认为，它们都不及文竹。看上去文竹十分纤柔，不像青松那样浩气凛然。它的枝干，也许只不过相当于松树的一束纤维。但你看到，每有嫩芽破土，却总是将枝芽一枝一枝地从土里钻出挺直向上，一枝比一枝高，达到它希望的高度就向一侧伸出手臂，仿佛是探求；它的枝很细，却能托起大片的叶子，这种刚挺劲儿比松树的傲然挺立并不逊色。看上去文竹似乎是文文静静的，其实，他是很热烈的。虽然朴实无华，没有浓妆艳饰，没有奇异芬芳，可是它有自己的本色——绿绿的枝，绿绿的叶，一片葱绿，给人以生机盎然的热烈之感。这是那些只以色香取胜的花草所望尘莫及的。刚挺而不以强倨傲；热烈而不形之于表，这正是文竹的可贵之处。
文竹的生命力是很强的，只要有一捧土，一杯水，一丝光，它便能默默地生长。剪去老枝，又有新芽，长满低处便向高出长；一点一点，踏踏实实地充实着自己的生命。但是，切不要以为它是毫无所求的，生性柔软的。据说有人曾试图把一盆文竹分成两盆。分盆时，把盘结在一起的细根生硬地扯了开来，结果茂密的一盆文竹没过几天就枯死了。看来，根是文竹视若生命的所在，是不容无礼对待的，不知道别的植物是否也有如此至尊？
我赞美文竹，我喜欢文竹。有人曾让我为文竹写首诗，我想何必一定要写呢，谁的案头摆上一盆文竹，谁的心里就会有一首诗。
意见反馈

图5-28 设置“文竹”CSS 样式

这是使用 CSS 样式控制网页外观的例子，可以通过【CSS 样式】面板创建相应的样式。

【步骤提示】

1. 打开文档 "5-1-3.htm"，通过【页面属性】对话框的【外观（CSS）】分类，设置页面字体为 "宋体"，文本大小为 "14 px"。

2. 通过【页面属性】对话框的【标题（CSS）】分类，重新定义标签 "h1" 的大小为 "24px"，颜色为 "#F00"。

3. 通过 CSS【属性】面板将目标规则 "h1" 应用到文档标题 "文竹"，并设置标题居中对齐，如图 5-29 所示。

图5-29 设置文档标题

4. 创建类 CSS 样式 ".ptext"，设置行高为 "26px"，并应用到正文的每一个段落。

5. 选择菜单命令【插入】/【HTML】/【水平线】，在文档最后插入一条水平线，在【属性】面板中，将其 ID 名称设置为 "line"，然后创建 ID 名称 CSS 样式 "# line"，设置其颜色为 "#060"。

6. 通过菜单命令【插入】/【电子邮件链接】，在水平线下面创建一个电子邮件超级链接，链接文本为 "意见反馈"，邮件地址为 "fk@163.com"。

7. 创建复合内容的 CSS 样式 "a:link,a:visited"，取消链接文本和已访问文本的下划线效果，如图 5-30 所示。

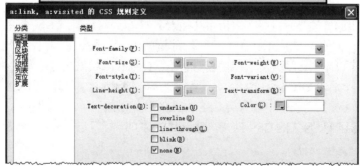

图5-30 创建复合内容的CSS样式（1）

8. 创建复合内容的 CSS 样式 "a:hover"，使鼠标悬停在链接文本上时显示下划线效果，并且链接文本颜色变为红色 "#F00"，如图 5-31 所示。

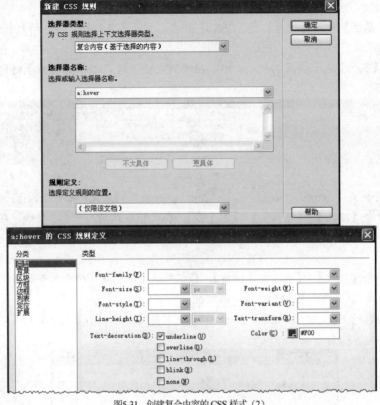

图5-31　创建复合内容的 CSS 样式（2）

9. 保存文件。

5.2　Div 标签

在现代网页布局中，Div 标签是经常使用到的，但 Div 本身只是一个区域标签，不能定位与布局，真正定位的是 CSS 代码。

5.2.1　功能讲解

插入 Div 标签的方法是，选择菜单命令【插入】/【布局对象】/【Div 标签】，打开【插入 Div 标签】对话框，如图 5-32 所示。在【插入】列表框中定义插入 Div 标签的位置，如果此时不定义 CSS 样式，可以单击 确定 按钮直接插入 Div 标签；如果此时需要定义 CSS 样式，可以在【ID】列表框中输入 Div 标签的 ID 名称，然后单击 新建 CSS 规则 按钮创建 ID 名称 CSS 样式，当然也可以在【类】列表框中输入类 CSS 样式的名称，然后再单击 新建 CSS 规则 按钮创建类 CSS 样式。不管使用哪种形式的 CSS 样式，建议都要对 Div 标签进行 ID 命名，以方便页面布局的管理。

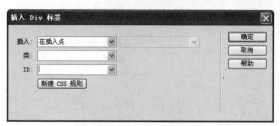

图5-32 【插入 Div 标签】对话框

5.2.2 范例解析——插入 Div 标签

先插入一个 Div 标签，然后在该标签内再插入 3 个并排的 Div 标签，最终效果如图 5-33 所示。

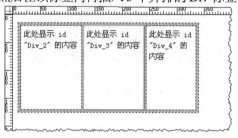

图5-33 插入 Div 标签

这是使用 CSS 样式和 Div 标签的例子，具体操作步骤如下。

1. 创建一个网页文档，并保存为 "5-2-2.htm"。
2. 将鼠标光标置于文档中，然后选择菜单命令【插入】/【布局对象】/【Div 标签】，打开【插入 Div 标签】对话框，在【ID】列表框中输入 "Div_1"，如图 5-34 所示。

图5-34 【插入 Div 标签】对话框

3. 单击 新建 CSS 规则 按钮，打开【新建 CSS 规则】对话框，参数设置如图 5-35 所示。

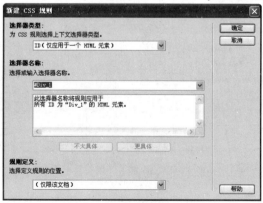

图5-35 【新建 CSS 规则】对话框

4. 单击 确定 按钮打开【#Div_1 的 CSS 规则定义】对话框，参数设置如图 5-36 所示。

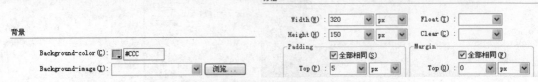

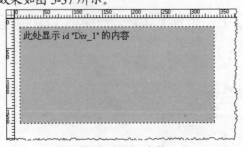

图5-36 【#Div_1 的 CSS 规则定义】对话框

5. 单击 确定 按钮，效果如图 5-37 所示。

图5-37 插入 Div 标签

6. 将 Div 标签内的文本删除，然后在其中插入一个 Div 标签"Div_2"，并创建 ID 名称 CSS 样式"#Div_2"，如图 5-38 所示。

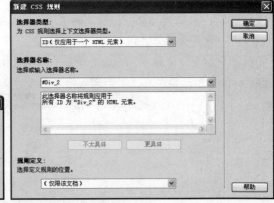

图5-38 插入 Div 标签"Div_2"

7. 单击 确定 按钮打开【#Div_2 的 CSS 规则定义】对话框，参数设置如图 5-39 所示。

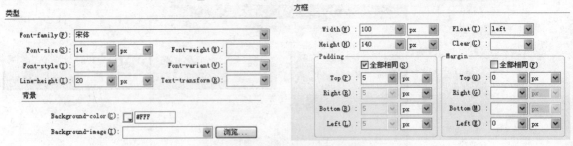

图5-39 【#Div_2 的 CSS 规则定义】对话框

8. 插入 Div 标签"Div_2"后，效果如图 5-40 所示。

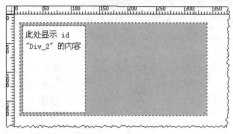

图5-40　插入 Div 标签"Div_2"

9.　将 Div 标签"Div_2"内的文本删除，然后在其中再插入一个 Div 标签"Div_3"，并创建 ID
　　名称CSS 样式"#Div_3"，如图 5-41 所示。

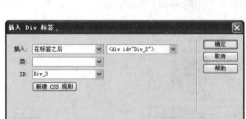
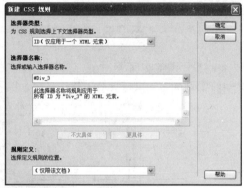

图5-41　插入 Div 标签"Div_3"

10.　单击 确定 按钮打开【#Div_3 的 CSS 规则定义】对话框，参数设置如图 5-42 所示。

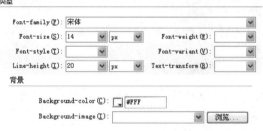

图5-42　【#Div_3 的 CSS 规则定义】对话框

11.　将 Div 标签"Div_3"内的文本删除，然后在其中再插入一个 Div 标签"Div_4"，并创建 ID
　　名称CSS 样式"#Div_4"，如图 5-43 所示。

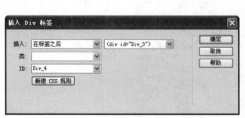
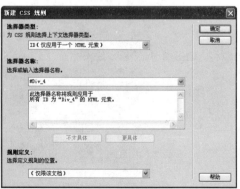

图5-43　插入 Div 标签"Div_4"

12. 单击 确定 按钮打开【#Div_4 的 CSS 规则定义】对话框，参数设置如图 5-44 所示。

图5-44 【#Div_4 的 CSS 规则定义】对话框

13. 保存文档。

5.2.3 课堂实训——插入 Div 标签

首先将附盘"课堂实训\素材\第 5 讲\5-2-3"文件夹下的内容复制到站点根文件夹下，然后使用 Div 标签进行简单的页面区域划分，最终效果如图 5-45 所示。

图5-45 使用 Div 标签进行区域划分

这是使用 CSS 样式和 Div 标签的例子，仍然需要先插入 Div 标签，然后创建 CSS 样式进行控制。

【步骤提示】

1. 创建文档"5-2-3.htm"，然后创建标签 CSS 样式，重新定义标签"body" CSS 规则，设置字体为"宋体"，大小为"12px"，行高为"16px"，如图 5-46 所示。

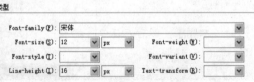

图5-46 定义"body" CSS 规则

2. 创建标签 CSS 样式，重新定义标签"p" CSS 规则，设置边距均为"5px"，如图 5-47 所示。

图5-47 定义"p" CSS 规则

3. 插入 Div 标签"Div_1",然后创建 ID 名称 CSS 样式"#Div_1",参数设置如图 5-48 所示。

图5-48 创建 ID 名称 CSS 样式"#Div_1"

4. 在 Div 标签"Div_1"中插入 Div 标签"Div_1_1",然后创建 ID 名称 CSS 样式
"#Div_1_1",参数设置如图 5-49 所示。

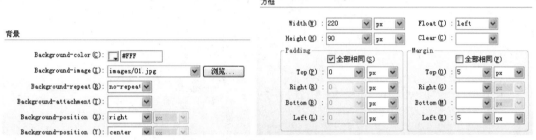

图5-49 创建 ID 名称 CSS 样式"#Div_1_1"

5. 在 Div 标签"Div_1_1"之后插入 Div 标签"Div_1_2",然后创建 ID 名称 CSS 样式
"#Div_1_2",参数设置如图 5-50 所示。

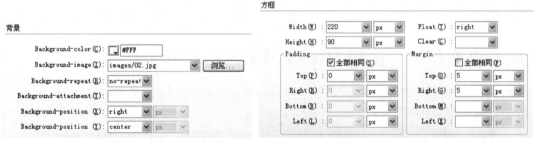

图5-50 创建 ID 名称 CSS 样式"#Div_1_2"

6. 在 Div 标签"Div_1"之后插入 Div 标签"Div_2",然后创建 ID 名称 CSS 样式"#Div_2",
参数设置如图 5-51 所示。

图5-51 创建 ID 名称 CSS 样式"#Div_2"

7. 在 Div 标签"Div_2"中插入 Div 标签"Div_2_1",然后创建 ID 名称 CSS 样式
"#Div_2_1",参数设置如图 5-52 所示。

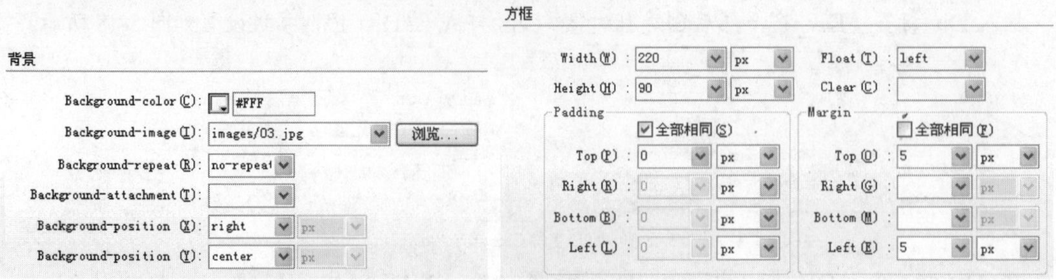

图5-52 创建 ID 名称 CSS 样式 "#Div_2_1"

8. 在 Div 标签 "Div_2_1" 之后插入 Div 标签 "Div_2_2"，然后创建 ID 名称 CSS 样式 "#Div_2_2"，参数设置如图 5-53 所示。

图5-53 创建 ID 名称 CSS 样式 "#Div_2_2"

9. 输入相应的文本，每一行为一个段落。

10. 保存文档。

5.3 综合案例——使用 Div+CSS 布局网页

将附盘 "综合案例\素材\第 5 讲" 文件夹下的内容复制到站点根文件夹下，然后使用 Div+CSS 布局网页，最终效果如图 5-54 所示。

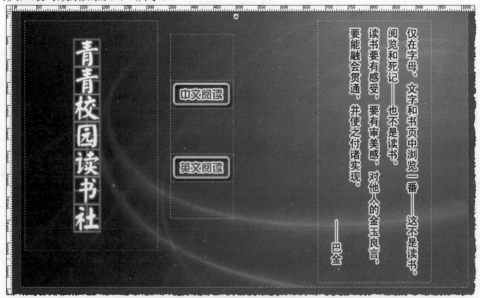

图5-54 使用 Div+CSS 布局网页

这是使用 Div+CSS 布局网页的例子，仍然需要先插入 Div 标签，然后创建 CSS 样式进行控制。

【操作步骤】

1. 创建一个网页文档并保存为 "5-3.htm"，然后创建标签 CSS 样式，重新定义标签 "body" CSS 规则，设置背景颜色为 "#00925A"，边距均为 "0"，如图 5-55 所示。

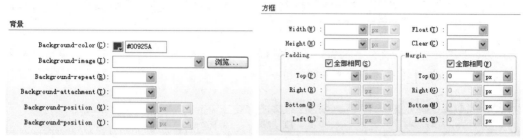

图5-55　定义标签 "body" CSS 规则

2. 插入 Div 标签 "div_1"，然后创建 ID 名称 CSS 样式 "#div_1"，参数设置如图 5-56 所示。

图5-56　创建 ID 名称 CSS 样式 "#div_1"

3. 在 Div 标签 "div_1" 中插入 Div 标签 "div_2"，然后创建 ID 名称 CSS 样式 "#div_2"，参数设置如图 5-57 所示。

图5-57　创建 ID 名称 CSS 样式 "#div_2"

4. 将 Div 标签 "div_2" 内的文本删除，然后插入图像 "images/ming.png"，属性参数设置如图 5-58 所示。

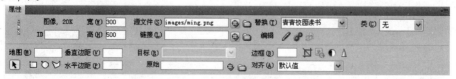

图5-58　设置图像属性参数

5. 在 Div 标签 "div_2" 之后插入 Div 标签 "div_3"，然后创建 ID 名称 CSS 样式 "#div_3"，参数设置如图 5-59 所示。

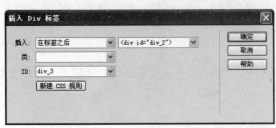

图5-59 创建 ID 名称 CSS 样式 "#div_3"

6. 将 Div 标签 "div_3" 内的文本删除，然后在其中插入 Div 标签 "div_3_1"，并创建 ID 名称 CSS 样式 "#div_3_1"，参数设置如图 5-60 所示。

图5-60 创建 ID 名称 CSS 样式 "#div_3_1"

7. 将标签 "div_3_1" 内的文本删除，然后选择菜单命令【插入】/【图像对象】/【鼠标经过图像】，在弹出的【插入鼠标经过图像】对话框中进行参数设置，然后单击 确定 按钮，插入鼠标经过图像，如图 5-61 所示。

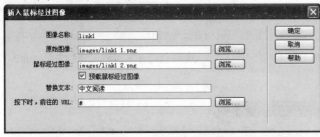

图5-61 【插入鼠标经过图像】对话框

8. 运用相同的方法在 Div 标签 "div_3_1" 之后插入 Div 标签 "div_3_2"，其 CSS 样式 "#div_3_2" 参数设置与 "#div_3_1" 完全一样。

9. 将 Div 标签 "div_3_2" 内的文本删除，然后插入鼠标经过图像，如图 5-62 所示。

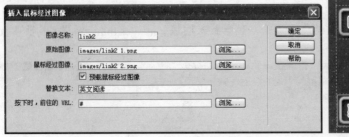

图5-62 插入鼠标经过图像

10. 在 Div 标签 "div_3" 之后插入 Div 标签 "div_4"，然后创建 ID 名称 CSS 样式 "#div_4"，参数设置如图 5-63 所示。

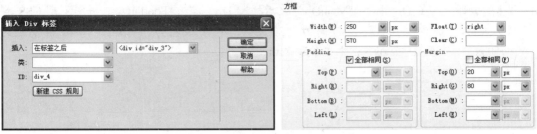

图5-63　创建ID名称CSS样式"#div_4"

11. 将 Div 标签 "div_4" 内的文本删除，然后插入图像 "mingyan.png"。

12. 保存文档。

5.4 课后作业

根据步骤提示使用 Div 标签和 CSS 样式制作如图 5-64 所示网页。

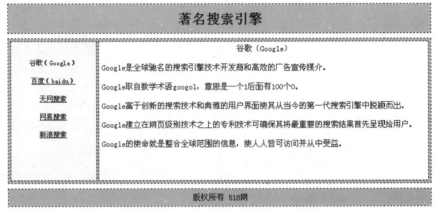

图5-64　使用Div标签和CSS样式布局网页

【步骤提示】

(1) 创建一个网页文档并保存为 "5-4.htm"，然后重新定义标签 "body" 的 CSS 样式，使文本居中对齐。

(2) 设置页眉部分。插入 Div 标签 "TopDiv"，并定义其 CSS 样式：文本大小为 "24px"，粗体显示，行高为 "50px"，背景颜色为 "#CCC"，文本对齐方式为 "居中"，方框宽度为 "750px"，高度为 "50px"。

(3) 设置主体部分。在 Div 标签 "TopDiv" 之后插入 Div 标签 "MainDiv"，并定义其 CSS 样式：背景颜色为 "#CCC"，方框宽度为 "750px"，高度为 "250px"，上边界为 "10px"。

(4) 设置主体左侧部分。在 Div 标签 "MainDiv" 内插入 Div 标签 "LeftDiv"，并定义其 CSS 样式：文本大小为 "12px"，背景颜色为 "#FFC"，文本对齐方式为 "居中"，方框宽度为 "150px"，高度为 "240px"，浮动为 "左对齐"，上边界和左边界均为 "5px"。

(5) 设置主体右侧部分。在 Div 标签 "LeftDiv" 之后插入 Div 标签 "RightDiv"，并定义其 CSS 样式：文本大小为 "14px"，背景颜色为 "#FFF"，文本对齐方式为 "左对齐"，方框宽度为 "575px"，高度为 "230px"，浮动为 "右对齐"，填充均为 "5px"，上边界和右边界均为 "5px"。

(6) 设置页脚部分。在 Div 标签 "MainDiv" 之后插入 Div 标签 "FootDiv"，并定义其 CSS 样式：文本大小为 "14px"，行高为 "30px"，背景颜色为 "#CCC"，方框宽度为 "750px"，高度为 "30px"，上边界为 "10px"。

使用表格和 Spry 布局构件

表格不仅可以有序地排列数据，还可以精确地定位网页元素。Spry 构件中的 Spry 菜单栏、Spry 选项卡式面板、Spry 折叠式构件和 Spry 可折叠式面板在某种程度上也有布局的功能。本讲将介绍表格和 Spry 布局构件的基本知识。本讲课时为 3 小时。

学习目标

◆ 掌握插入表格的方法。

◆ 掌握编辑表格的方法。

◆ 掌握使用表格布局网页的方法。

◆ 掌握插入和设置Spry布局构件的方法。

6.1 使用表格

表格可以将一定的内容按特定的行、列规则进行排列。Dreamweaver CS4 中的表格功能很强大，用户可以方便地创建出各种规格的表格。

6.1.1 功能讲解

下面介绍创建、编辑和设置表格的基本方法。

一、创建表格

首先介绍插入单个表格和创建嵌套表格的方法。

(1) 插入单个表格。

在网页文档中，将鼠标光标置于要插入表格的位置，然后采用以下任意一种方式打开【表格】对话框，参数设置完毕后，单击 确定 按钮即可插入表格，如图 6-1 所示。

- 选择菜单命令【插入】/【表格】。
- 在【插入】/【常用】工具栏中单击 ⊞ 表格 按钮。
- 在【插入】/【布局】工具栏中单击 ⊞ 表格 按钮。
- 按 Ctrl+Alt+T 组合键。

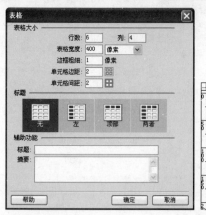
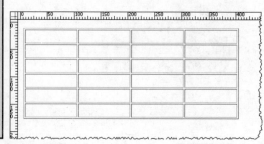

图6-1 插入表格

【表格】对话框分为 3 个部分：【表格大小】栏、【标题】栏和【辅助功能】栏。在【表格大小】栏可以对表格的数据进行设置。

- 【行数】和【列】：用于设置要插入表格的行数和列数。
- 【表格宽度】：用于设置表格的宽度，单位有"像素"和"百分比"。以"像素"为单位设置表格宽度，表格的绝对宽度将保持不变；以"百分比"为单位设置表格宽度，表格的宽度将随浏览器的大小变化而变化。
- 【边框粗细】：用于设置单元格边框的宽度，以"像素"为单位。
- 【单元格边距】：用于设置单元格内容与边框的距离，以"像素"为单位。
- 【单元格间距】：用于设置单元格之间的距离，以"像素"为单位。

在【标题】栏可以对表格的标题进行设置，共有4种标题设置方式。

- 【无】：表示表格不使用列或行标题。
- 【左】：表示将表格的第1列作为标题列，以便用户为表格中的每一行输入一个标题。
- 【顶部】：表示将表格的第1行作为标题行，以便用户为表格中的每一列输入一个标题。
- 【两者】：表示用户能够在表格中同时输入行标题或列标题。

在【辅助功能】栏可以设置表格的标题及对齐方式，还可以设置对表格的说明文字。

- 【标题】：用于设置表格的标题，该标题不包含在表格内。
- 【摘要】：用于设置表格的说明文字，该文本不会显示在浏览器中。

(2) 创建嵌套表格。

嵌套表格是指在表格的单元格内再插入表格，其宽度受所在单元格的宽度限制。在进行网页布局时，常使用嵌套表格来排版页面元素，此时，表格的边框粗细通常设置为"0"，图 6-2 所示为一个嵌套表格。

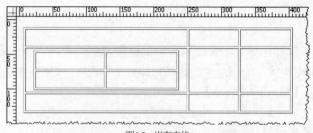

图6-2 嵌套表格

二、编辑表格

下面简要介绍编辑表格的基本操作，包括增加行或列、删除行或列、合并单元格和拆分单元格等。

(1) 选择表格。

要对表格进行编辑，首先必须选定表格。因为表格包括行、列和单元格，所以选择表格的操作通常包括选择整个表格、选择行或列、选择单元格 3 个方面。

① 选择整个表格。

选择整个表格的方法主要有以下几种。

* 单击表格左上角或单击表格中任何一个单元格的边框线，如图 6-3 所示。

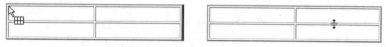

图6-3　通过单击选择表格

* 将鼠标光标置于表格内，选择菜单命令【修改】/【表格】/【选择表格】，或在右键快捷菜单中选择命令【表格】/【选择表格】。

* 将鼠标光标移到预选择的表格内，表格上端或下端会弹出绿线的标志，单击绿线中的 ▼ 按钮，从弹出的下拉菜单中选择【选择表格】命令，如图 6-4 所示。

* 将光标移到预选择的表格内，单击文档窗口左下角相应的 "<table>" 标签，如图 6-5 所示。

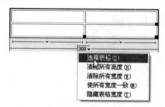

图6-4　通过下拉菜单命令选择表格

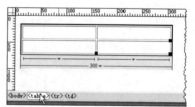

图6-5　通过<table>标签选择表格

② 选择行或列。

选择表格的行或列有以下几种方法。

* 当鼠标指针位于欲选择的行首或列顶时，变成黑色箭头形状，这时单击鼠标左键，便可选择行或列，如图 6-6 所示。如果按住鼠标左键并拖曳，可以选择连续的行或列，也可以按住 Ctrl 键，依次单击欲选择的行或列。

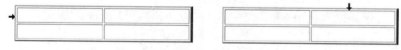

图6-6　通过单击选择行或列

* 按住鼠标左键从左至右或从上至下拖曳，将选择相应的行或列，如图 6-7 所示。

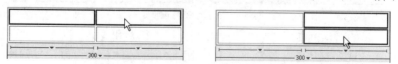

图6-7　通过拖曳选择行或列

* 将鼠标光标移到欲选择的行中，单击文档窗口左下角的 "<tr>" 标签选择行，如图 6-8 所示。

- 将鼠标光标移到表格内，单击欲选择列的绿线标志中的▼按钮，从弹出的下拉菜单中选择【选择列】命令，如图6-9所示。

图6-8　通过\<tr>标签选择行

图6-9　通过下拉菜单命令选择列

③ 选择单元格。

选择单个单元格的方法有以下两种。

- 将鼠标光标置于单元格内，然后按住 Ctrl 键，单击单元格可以将其选择。
- 将鼠标光标置于单元格内，然后单击文档窗口左下角的\<td>标签将其选择。

选择相邻单元格的方法有以下两种。

- 在开始的单元格中按住鼠标左键并拖曳到最后的单元格。
- 将鼠标光标置于开始的单元格内，然后按住 Shift 键不放，单击最后的单元格。

选择不相邻单元格的方法有以下两种。

- 按住 Ctrl 键，依次单击欲选择的单元格。
- 按住 Ctrl 键，在已选择的连续单元格中依次单击欲去除的单元格。

(2) 增加行或列。

首先将鼠标光标移到欲插入行或列的单元格内，然后采取以下几种方法进行操作。

- 在【插入】/【布局】面板中单击 [在上面插入行] 、 [在下面插入行] 、 [在左边插入列] 、 [在右边插入列] 按钮来插入行或列。
- 选择菜单命令【修改】/【表格】/【插入行】，则在鼠标光标所在单元格的上面增加 1 行。同样，选择菜单命令【修改】/【表格】/【插入列】，则在鼠标光标所在单元格的左侧增加 1 列。也可通过右键快捷菜单命令进行操作。
- 选择菜单命令【插入】/【表格对象】中的【在上面插入行】、【在下面插入行】、【在左边插入列】、【在右边插入列】来插入行或列。
- 选择菜单命令【修改】/【表格】/【插入行或列】，在弹出的【插入行或列】对话框中进行设置，如图 6-10 所示，确认后即可完成插入操作。在右键快捷菜单中选择【表格】/【插入行或列】命令，也可弹出该对话框。

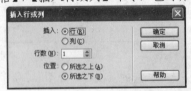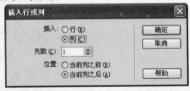

图6-10　【插入行或列】对话框

在图 6-10 所示的对话框中，【插入】选项组包括【行】和【列】两个选项，默认选择的是【行】，所以下面的选项就是【行数】，在【行数】选项的文本框内可以定义预插入的行数，在【位置】选项组可以定义插入行的位置是【所选之上】还是【所选之下】。在【插入】选项组如果选择的是【列】，那么下面的选项就变成了【列数】，【位置】选项组后面的两个选项就变成了【当前列之前】和【当前列之后】。

(3) 删除行或列。

如果要删除行或列，首先需要将鼠标光标置于要删除的行或列中，或者将要删除的行或列选中，然后选择【修改】/【表格】子菜单中的【删除行】或【删除列】命令，将行或列删除。最简捷的方法就是利用选择表格行或列的方法选定要删除的行或列，然后按 Delete 键。也可使用右键快捷菜单进行以上操作。

(4) 合并单元格。

合并单元格是指将多个单元格合并成为一个单元格。首先选择欲合并的单元格，然后可采取以下几种方法进行操作。

- 选择菜单命令【修改】/【表格】/【合并单元格】。
- 单击鼠标右键，在弹出的快捷菜单中选择【表格】/【合并单元格】命令。
- 单击【属性】面板左下角的 □ 按钮。

合并单元格后的效果如图 6-11 所示。

图6-11 合并单元格

(5) 拆分单元格。

拆分单元格是针对单个单元格而言的，可看成是合并单元格操作的逆操作。首先需要将鼠标光标定位到要拆分的单元格中，然后采取以下几种方法进行操作。

- 选择【修改】/【表格】/【拆分单元格】命令。
- 单击鼠标右键，在弹出的快捷菜单中选择【表格】/【拆分单元格】命令。
- 单击【属性】面板左下角的 ㅑ 按钮，弹出【拆分单元格】对话框。

在【拆分单元格】对话框中，【把单元格拆分】选项组包括【行】和【列】两个选项，这表明可以将单元格纵向拆分或者横向拆分。在【行数】或【列数】列表框中可以定义要拆分的行数或列数。

拆分单元格的效果如图 6-12 所示。

图6-12 拆分单元格

三、设置表格属性

选择表格后，表格【属性】面板如图 6-13 所示。

图6-13 表格【属性】面板

表格【属性】面板中的相关参数说明如下。

- 【表格】：设置表格 ID 名称，在创建表格高级 CSS 样式时会用到。
- 【行】和【列】：设置表格的行数和列数。
- 【宽】：设置表格的宽度，以"像素"或"%"为单位。

- **【填充】**：也称单元格边距，即单元格内容与单元格边框的距离。
- **【间距】**：也称单元格间距，即单元格之间的距离。
- **【对齐】**：设置表格的对齐方式，如"左对齐"、"右对齐"和"居中对齐"等。
- **【边框】**：设置表格的边框宽度。如果使用表格进行页面布局，应设置边框为"0"，即表示没有边框。
- **【类】**：设置表格的 CSS 样式表的类样式。
- 和 按钮：清除行高和列宽。
- 和 按钮：根据当前值，将表格宽度转换成像素或百分比。

四、设置行、列或单元格属性

设置表格的行、列或单元格属性要先选择行、列或单元格，然后在【属性】面板中进行设置。行、列、单元格的【属性】面板都是一样的，惟一不同的是左下角的名称。图 6-14 所示为单元格的【属性】面板，上半部分是设置单元格内文本的属性，下半部分是设置单元格的属性。

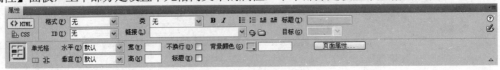

图6-14　单元格【属性】面板

单元格【属性】面板中的相关参数说明如下。

- **【水平】**：设置单元格的内容在单元格内水平方向上的对齐方式，其下拉列表中有【默认】、【左对齐】、【居中对齐】和【右对齐】4 种排列方式。
- **【垂直】**：设置单元格的内容在单元格内垂直方向上的对齐方式，其下拉列表中有【默认】、【顶端】、【居中】、【底部】和【基线】5 种排列方式。
- **【宽】**和**【高】**：设置被选择单元格的宽度和高度。
- **【不换行】**：设置单元格文本是否换行。
- **【边框】**：设置单元格边框的宽度，以"像素"为单位。
- **【标题】**：设置所选单元格为标题单元格，默认情况下，标题单元格的内容以粗体且居中对齐显示。用 HTML 源代码表示为<th>标记，而不是<td>标记。

五、操作数据表格

Dreamweaver CS4 能够与外部软件交换数据，以方便用户快速导入或导出数据，同时还可以对数据表格进行排序。

(1)　导入表格数据。

选择菜单命令【文件】/【导入】/【表格式数据】或【Excel 文档】，可以将表格式数据或 Excel 表格导入到网页文档中。导入 Excel 文档与导入 Word 文档打开的对话框是相似的，而导入表格式数据打开的对话框如图 6-15 所示。

图6-15　【导入表格式数据】对话框

下面对对话框中的相关参数进行简要说明。

- 【数据文件】：设置要导入表格式数据的文件。
- 【定界符】：设置要导入文件中所使用的分隔符，包括"Tab"、"逗点"、"分号"、"引号"和"其他"，如果选择"其他"，则需要在右侧的文本框中输入文件中所使用的分隔符。
- 【表格宽度】：设置表格的宽度，可以与实际内容相匹配，也可以指定表格的宽度。
- 【单元格边距】：设置表格的单元格边距。
- 【单元格间距】：设置表格的单元格间距。
- 【格式化首行】：设置表格首行文本的格式，如"粗体"、"斜体"、"粗体斜体"等。
- 【边框】：设置表格边框的宽度，单位为"像素"。

(2) 导出表格数据。

在 Dreamweaver CS4 中的表格数据也可以进行导出。方法是，将鼠标光标置于表格中，然后选择菜单命令【文件】/【导出】/【表格】，打开【导出表格】对话框，如图 6-16 所示。在【定界符】下拉列表中选择要在导出的结果文件中使用的分隔符类型（包括"Tab"、"空白键"、"逗点"、"分号"和"引号"），在【换行符】下拉列表中选择打开文件的操作系统（包括"Windows"、"Mac"和"UNIX"），最后单击 导出 按钮，打开【表格导出为】对话框，设置文件的保存位置和名称即可。

图6-16　【导出数据】对话框

(3) 排序表格数据。

利用 Dreamweaver CS4 的【排序表格】命令可以对表格指定列的内容进行排序。方法是，利用选择表格的相关命令选中整个表格，然后选择菜单命令【命令】/【排序表格】，打开【排序表格】对话框进行参数设置即可，如图 6-17 所示。

图6-17　【排序表格】对话框

6.1.2　范例解析——制作"瑞士风情"网页

首先将附盘"范例解析\素材\第 6 讲\6-1-2\images"文件夹复制到站点根文件夹下，然后创建文档"6-1-2.htm"，并使用表格布局页面，最终效果如图 6-18 所示。

瑞士风情

壮丽的山峦冰川、会聚晶莹之水的湖泊、牧歌式的田园草场这些都是瑞士最吸引人的胜景，而这些又以少女峰山区与因特拉肯双子湖区最为典型。

因特拉肯及少女峰地区可谓集中了瑞士最精致的"湖光"与"山色"。

翻开瑞士地图，地处中央部位的伯尔尼高地，南边是层峦叠嶂的阿尔卑斯山脉，其中最突出的是少女峰、僧侣峰和艾格峰，山的北边平坦地带则是紧紧挤靠一起的图恩湖和布利恩茨湖，两湖之间是因特拉肯市——这使它成为各地游客来到这里继续前往少女峰地区游览的中转站，同时也因温和气候与地利之便成为欧洲一个度假和会议名城。

瑞士风情

有旅游史书称因特拉肯是现代旅游业的发源地。

横亘欧洲大陆的阿尔卑斯山脉自古以来便是阻碍南北交通的天堑，在人们心目中并无美景可言。18世纪，法国大革命民主思想之父卢梭首先发现了瑞士湖光山色的独特魅力，其笔下阿尔卑斯牧人田园牧歌式的生活和山庄美景，令欧洲人为之心驰神往。19世纪，英国维多利亚女王两次来瑞士访问和度假，其后英国贵族、中产阶层也纷至沓来，从此，因特拉肯成为了旅游胜地。至今，走在因特拉肯大街上，维多利亚风格的建筑物比比皆是。记者一行下榻当地最豪华的五星级酒店名称便是"维多利亚少女峰水疗饭店"。这是一个典型的旅游城市，城市很小，从因特拉肯东站步行到西站不超过半个小时，连接两个火车站的是因特拉肯最主要的街道荷黑威格路（Hoheweg），两旁聚集了主要的饭店、精品店和餐馆。

图6-18 制作"瑞士风情"网页

这是使用表格进行页面布局的例子，可以先插入表格，然后通过【属性】面板对表格和单元格进行属性设置，最后在单元格中输入内容即可，具体操作步骤如下。

1. 首先选择菜单命令【文件】/【新建】，创建一个空白文档，然后将其保存为"6-1-2.htm"。
2. 选择菜单命令【修改】/【页面属性】，打开【页面属性】对话框，设置页面字体和大小以及浏览器标题，如图 6-19 所示。

图6-19 设置页面属性

3. 将鼠标光标置于文档中，然后选择菜单命令【插入】/【表格】，打开【表格】对话框并进行参数设置，如图 6-20 所示。

图6-20 【表格】对话框

4. 单击 确定 按钮插入表格，如图 6-21 所示。

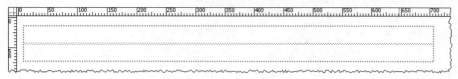

图6-21 插入表格

5. 在第 1 行单元格中输入文本 "瑞士风情"，然后在【属性】面板的【格式】下拉列表中选择 "标题1"，在【水平】下拉列表中选择 "居中对齐"，如图 6-22 所示。

图6-22 设置文档标题

6. 将光标置于第 2 行单元格内，然后选择菜单命令【修改】/【表格】/【插入行或列】，打开 【插入行或列】对话框，参数设置如图 6-23 所示。

图6-23 【插入行或列】对话框

7. 单击 确定 按钮，在表格的下面再插入两行，如图 6-24 所示。

图6-24 插入两行

8. 将鼠标光标置于第 2 行单元格内，然后选择菜单命令【修改】/【表格】/【拆分单元格】，打 开【拆分单元格】对话框，参数设置如图 6-25 所示。

图6-25 【拆分单元格】对话框

9. 单击 确定 按钮将单元格拆分为两列，然后运用同样的方法将第 3 行单元格也拆分为两列。

10. 选中第 2 行左侧的单元格，在【属性】面板中设置其水平和垂直对齐方式以及宽度和高度，如图 6-26 所示。

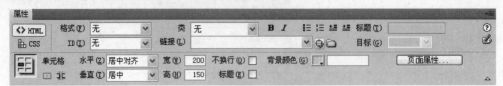

图6-26 设置单元格属性

11. 接着在该单元格中插入图像"images/ruishi-1.jpg"，并设置图像宽度、高度以及替换文本，如图 6-27 所示。

图6-27 设置图像

12. 选中第 3 行左侧的单元格，在【属性】面板中设置其水平对齐方式和背景颜色，如图 6-28 所示，然后在单元格中输入文本"瑞士风情"。

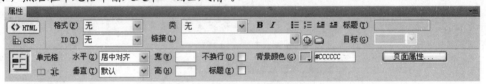

图6-28 设置单元格属性

13. 选中第 2 行和第 3 行右侧的两个单元格，然后选择菜单命令【修改】/【表格】/【合并单元格】将其合并。

14. 将鼠标光标置于合并后的单元格内，然后在【属性】面板中设置其水平对齐方式为"左对齐"，垂直对齐方式为"顶端"，并输入文本，如图 6-29 所示。

图6-29 输入文本

15. 将鼠标光标置于最后一行的单元格内，然后在【属性】面板中设置其水平对齐方式为"左对齐"，垂直对齐方式为"顶端"，并输入文本。

16. 保存文件。

6.1.3 课堂实训——制作日历表

使用表格制作 2009 年 10 月日历表并保存为“6-1-3.htm”，最终效果如图 6-30 所示。

公元2009年10月						
一	二	三	四	五	六	日
			1 国庆节	2 十四	3 中秋节	4 十六
5 十七	6 老人节	7 十九	8 寒露	9 廿一	10 廿二	11 廿三
12 廿四	13 廿五	14 廿六	15 廿七	16 廿八	17 廿九	18 九月
19 初二	20 初三	21 初四	22 初五	23 霜降	24 联合国日	25 初八
26 重阳节	27 初十	18 十一	19 十二	30 十三	31 十四	
农历己丑(牛)年						

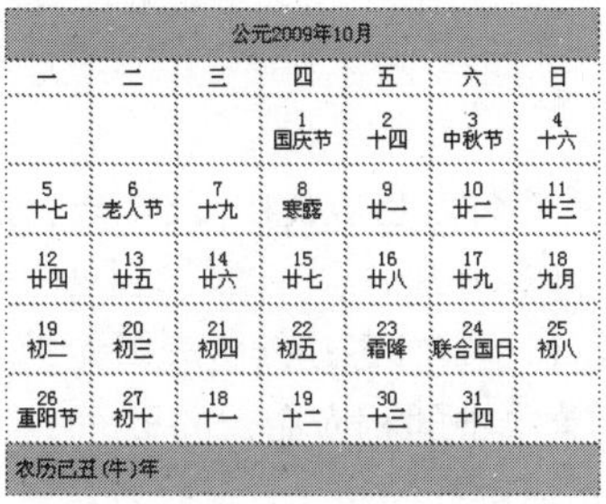

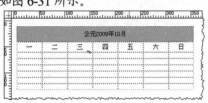

图6-30 制作日历表

这是使用表格组织数据的例子，可以先插入表格，然后通过【属性】面板对表格和单元格进行属性设置，最后在单元格中输入内容即可。

【步骤提示】

1. 创建文档“6-1-3.htm”，然后设置页面属性，其中页面字体为“宋体”，大小为“12 px”，浏览器标题为“2009 年 10 月日历表”。
2. 插入一个 8 行 7 列的表格，宽度为“350 像素”，填充、间距和边框均为“0”。
3. 对第 1 行所有单元格进行合并，然后设置单元格水平对齐方式为“居中对齐”，垂直对齐方式为“居中”，高度为“30”，背景颜色为“#99CCCC”，最后输入文本“公元 2009 年 10 月”。
4. 设置第 2 行所有单元格的水平对齐方式为“居中对齐”，宽度为“50”，高度为“20”，然后在单元格中输入相应文本，如图 6-31 所示。

图6-31 设置单元格属性

5. 设置第 3 行至第 7 行所有单元格水平对齐方式为“居中对齐”，垂直对齐方式为“居中”， 高度为“40”。
6. 在第 3 行第 4 个单元格中输入“1”，然后按 Shift+Enter 组合键换行，接着输入“国庆节”，按照同样的方法依次在其他单元格中输入文本，如图 6-32 所示。

公元2009年10月						
一	二	三	四	五	六	日
			1 国庆节	2 十四	3 中秋节	4 十六
5 十七	6 老人节	7 十九	8 寒露	9 廿一	10 廿二	11 廿三
12 廿四	13 廿五	14 廿六	15 廿七	16 廿八	17 廿九	18 九月
19 初二	20 初三	21 初四	22 初五	23 霜降	24 联合国日	25 初八
26 重阳节	27 初十	18 十一	19 十二	30 十三	31 十四	

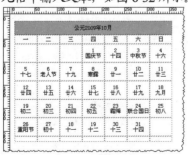

图6-32 输入文本

7. 对第 8 行所有单元格进行合并，然后设置单元格高度为 "30"，背景颜色为 "#99CCCC"，最后输入文本 "农历己丑(牛)年"。

8. 保存文件。

6.2 使用 Spry 构件

Spry 构件是预置的常用用户界面组件，可以使用 CSS 来自定义这些组件，然后将其添加到网页中。使用 Dreamweaver CS4 可以将多个 Spry 构件添加到页面中，这些构件包括 XML 驱动的列表和表格、折叠构件、选项卡式界面和具有验证功能的表单元素。

可以选择【插入】/【Spry】子菜单中的相应命令向页面中插入各种 Spry 构件，也可以通过【插入】/【Spry】工具栏中的相应按钮进行操作。

如果要编辑构件，可以将鼠标指针指向这个构件直到看到构件的蓝色选项卡式轮廓，单击构件左上角的选项卡将其选中，然后在【属性】面板中编辑构件即可。尽管可以使用【属性】面板编辑 Spry 构件，但【属性】面板并不支持其外观样式的设置。如果要修改其外观样式，必须修改对应的 CSS 样式。

6.2.1 功能讲解

下面对 Spry 布局构件进行简要介绍，包括 Spry 菜单栏、Spry 选项卡式面板、Spry 折叠式构件及 Spry 可折叠式面板。

一、Spry 菜单栏

Spry 菜单栏是一组可导航的菜单按钮，当将鼠标悬停在其中的某个按钮上时，将显示相应的子菜单。根据需要，可以使用 Spry 菜单栏构件创建横向或纵向的下拉或弹出式菜单。图 6-33 所示为一个水平菜单栏构件，其中的第 3 个菜单项处于展开状态。

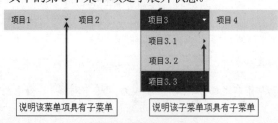

图6-33 水平菜单栏构件

创建 Spry 菜单栏的方法是，选择菜单命令【插入】/【Spry】/【Spry 菜单栏】，打开【Spry 菜单栏】对话框，选择菜单栏的布局模式，其中包括【水平】和【垂直】两种，如图 6-34 所示。确定菜单栏的布局后，单击 确定 按钮，在文档中插入一个 Spry 菜单栏构件，如图 6-35 所示。

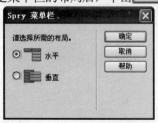

图6-34 【Spry 菜单栏】对话框

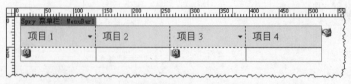

图6-35 在文档中插入 Spry 菜单栏构件

此时还需要通过【属性】面板添加菜单项及链接目标。确保 Spry 菜单栏构件处于选中状态，如果没有选中可单击左上角的【Spry 菜单栏：MenuBar1】将其选中，此时其【属性】面板如图 6-36 所示。由【属性】面板可以看出，创建的菜单栏可以有 3 级菜单。在【属性】面板中，从左至右的 3 个列表框分别用来定义一级菜单项、二级菜单项和三级菜单项，在定义每个菜单项时，均使用右侧的【文本】、【链接】、【标题】和【目标】4 个文本框进行设置。单击列表框上方的 ✚ 按钮将添加一个菜单项，单击 ➖ 按钮将删除一个菜单项，单击 ▲ 按钮将选中的菜单项上移，单击 ▼ 按钮将选中的菜单项下移。

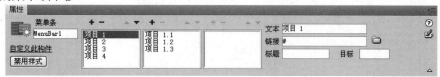

图6-36 Spry 菜单栏构件的【属性】面板

二、Spry 选项卡式面板

Spry 选项卡式面板构件是一组面板，用来将内容存储到紧凑空间中。用户可以通过单击要访问面板上的选项卡来隐藏或显示存储在选项卡式面板中的内容。当访问者单击不同的选项卡时，构件的面板会相应地打开。在给定时间内，选项卡式面板构件中只有一个内容面板处于打开状态。图 6-37 所示为一个选项卡式面板构件，第 3 个面板处于打开状态。

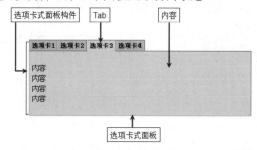

图6-37 选项卡式面板

创建 Spry 选项卡式面板的方法是，选择菜单命令【插入】/【Spry】/【Spry 选项卡式面板】，在页面中添加一个 Spry 选项卡式面板构件，如图 6-38 所示。

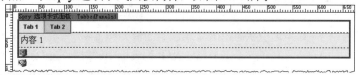

图6-38 添加 Spry 选项卡式面板构件

确保 Spry 选项卡式面板构件处于选中状态，其【属性】面板如图 6-39 所示。

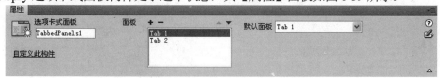

图6-39 Spry 选项卡式面板构件的【属性】面板

在【属性】面板中，可以在【选项卡式面板】文本框中设置面板的名称，在【面板】列表框中可以通过单击 ✚ 按钮添加面板，单击 ➖ 按钮删除面板，单击 ▲ 按钮上移面板，单击 ▼ 按钮下移面板，在【默认面板】列表框中可以设置在浏览器中显示时默认打开显示内容的面板。选项卡的名字和具体内容可以在文档中直接修改。在选项卡的内容区域可以像平时制作网页一样添加网页元素，如文本、图像、超级链接和表格等，并可进行属性设置。

三、Spry 折叠式构件

折叠式构件是一组可折叠的面板，可以将大量内容存储在一个紧凑的空间中。站点浏览者可通过单击该面板上的选项卡来隐藏或显示存储在折叠构件中的内容。当浏览者单击不同的选项卡时，折叠构件的面板会相应地展开或收缩。在折叠式构件中，每次只能有一个内容面板处于打开且可见的状态。图 6-40 所示为一个折叠式构件，其中第 1 个面板处于展开状态。

图6-40　折叠式构件

创建折叠式构件的方法是，选择菜单命令【插入】/【Spry】/【Spry 折叠式】，在页面中添加一个 Spry 折叠式构件，如图 6-41 所示。

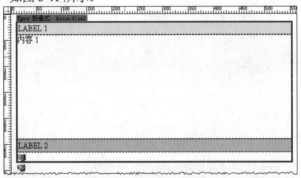

图6-41　添加 Spry 折叠式构件

确保 Spry 折叠式构件处于选中状态，其【属性】面板如图 6-42 所示。在【属性】面板中，可以在【折叠式】文本框中设置面板的名称，在【面板】列表框中通过单击 + 按钮添加面板，单击 − 按钮删除面板，单击 ▲ 按钮上移面板，单击 ▼ 按钮下移面板。可以直接在文档中更改折叠条的标题名称及内容。

图6-42　Spry 折叠式构件的【属性】面板

四、Spry 可折叠式面板

可折叠面板构件是一个面板，可将内容存储到紧凑的空间中。用户单击构件的选项卡即可隐藏或显示存储在可折叠面板中的内容。图 6-43 所示为一个处于展开和折叠状态的可折叠面板构件。

图6-43　Spry 可折叠面板

创建可折叠面板构件的方法是，选择菜单命令【插入】/【Spry】/【Spry 可折叠面板】，在页面中添加一个 Spry 可折叠面板构件，如图 6-44 所示。如果页面中需要多个可折叠面板，可以多次选择该命令，依次添加多个 Spry 可折叠面板。

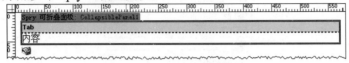

图6-44　添加 Spry 可折叠面板

确保 Spry 可折叠面板处于选中状态，其【属性】面板如图 6-45 所示。在【属性】面板中，可以在【可折叠面板】文本框中设置面板的名称，在【显示】列表框中设置面板当前状态为"打开"或"已关闭"，在【默认状态】列表框中设置在浏览器中浏览时面板默认状态为"打开"或"已关闭"，勾选【启用动画】选项将启用动画效果。可以直接在文档中更改面板的标题名称并输入相应的内容。

图6-45　Spry 可折叠面板构件的【属性】面板

6.2.2　范例解析——创建 Spry 选项卡式面板

创建一个 Spry 选项卡式面板，在浏览器中的预览效果如图 6-46 所示。

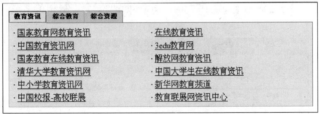

图6-46　Spry 选项卡式面板

这是使用 Spry 构件创建选项卡式面板的例子，具体操作步骤如下。

1. 创建网页文档"6-2-2.htm"，然后选择菜单命令【插入】/【Spry】/【Spry 选项卡式面板】，在页面中添加一个 Spry 选项卡式面板构件，如图 6-47 所示。

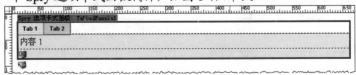

图6-47　添加 Spry 选项卡式面板构件

2. 在【属性】面板中，单击列表框上方的 + 按钮，再添加一个面板，如图 6-48 所示。

图6-48　添加菜单项

3. 在【面板】列表框中选择【Tab 1】选项，或在文档窗口的第 1 个选项卡中单击 ⬛ 图标，将选项卡切换到【Tab 1】，如图 6-49 所示。

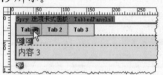

图6-49　将选项卡切换到【Tab 1】

4. 将第 1 个选项卡的名字 "Tab 1" 修改为 "教育资讯"，然后将选项卡的内容 "内容 1" 替换为相应的内容。运用相同的方法修改选项卡 "Tab 2" 和 "Tab 3" 的名字，并添加相应的内容，如图 6-50 所示。

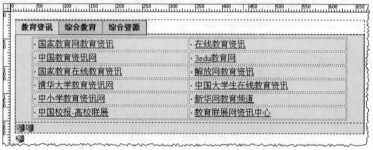

图6-50　添加选项卡的内容

5. 在【属性】面板的【默认面板】列表框中选择要默认打开的面板，这里仍然选择 "教育资讯" 面板。

6. 选择菜单命令【文件】/【保存】，保存文档，此时将弹出【复制相关文件】对话框，如图 6-51 所示。

图6-51　【复制相关文件】对话框

7. 单击　确定　按钮，Dreamweaver CS4 会将这些文件自动复制到站点的 "SpryAssets" 文件夹中。

8. 按 F12 键预览网页效果。

6.2.3 课堂实训——创建 Spry 菜单栏

创建一个 Spry 菜单栏，在浏览器中的预览效果如图 6-52 所示。

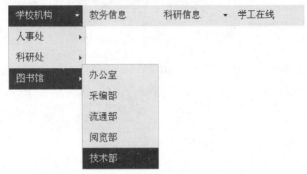

图6-52 Spry 菜单栏

这是使用 Spry 构件创建菜单栏的例子，可以先使用 Spry 菜单栏构件，然后通过【属性】面板设置菜单项和对应的链接目标。

【步骤提示】

1. 创建网页文档 "6-2-3.htm"，然后选择菜单命令【插入】/【Spry】/【Spry 菜单栏】，打开【Spry 菜单栏】对话框，参数设置如图 6-53 所示。

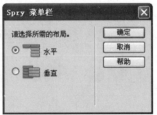

图6-53 【Spry 菜单栏】对话框

2. 选择【水平】选项并单击 确定 按钮，在文档中插入一个水平放置的 Spry 菜单栏构件，如图 6-54 所示。

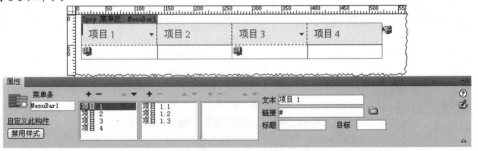

图6-54 在文档中插入 Spry 菜单栏构件

3. 选中第 1 个列表框中的 "项目 1"，然后在右侧的【文本】文本框中输入 "学校机构"；选中第2 个列表框中的 "项目 1.1"，然后在右侧的【文本】文本框中输入 "人事处"；单击第 3 个列表框上方的 ╋ 按钮添加一个菜单项，然后在右侧的【文本】文本框中输入 "人事科"；其他选项暂不设置，运用同样的方法依次设置其他菜单项，结果如图 6-55 所示。

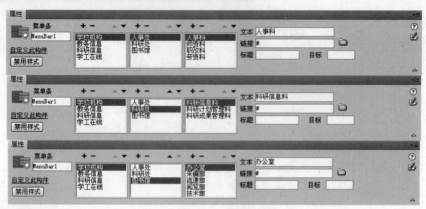

图6-55 添加内容

4. 选择菜单命令【文件】/【保存】，保存文档，此时将弹出【复制相关文件】对话框，单击 确定 按钮，Dreamweaver CS4 会将这些文件自动复制到站点的 "SpryAssets" 文件夹中。

5. 按 F12 键预览网页效果。

6.3 综合案例——使用表格布局网页

将附盘 "综合案例\素材\第 6 讲" 文件夹下的内容复制到站点根文件夹下，然后使用表格布局网页，最终效果如图 6-56 所示。

图6-56 使用表格布局网页

这是使用表格布局网页的例子，特别要注意嵌套表格的使用，使用表格布局网页时，边框通常设置为 "0"。

【操作步骤】

1. 创建一个网页文档并保存为 "6-3.htm"，然后选择菜单命令【修改】/【页面属性】，打开【页面属性】对话框，设置页面字体为 "宋体"，大小为 "12px"，如图 6-57 所示。

图6-57 【页面属性】对话框

下面设置页眉部分。

2. 选择菜单命令【插入】/【表格】，插入一个 1 行 2 列的表格，宽度为 "780 像素"，边距、间距和边框均为 "0"，对齐方式为 "居中对齐"，如图 6-58 所示。

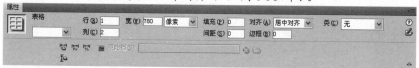

图6-58　设置表格属性

3. 设置左侧单元格的宽度为 "80"，高度为 "60"，两个单元格的背景颜色均为 "#00CC66"。

4. 在第 2 个单元格中输入文本 "青青水果"，然后在 CSS【属性】面板中设置文本大小为 "36"，颜色为 "#FFF"，目标规则名称为 ".title"，如图 6-59 所示。

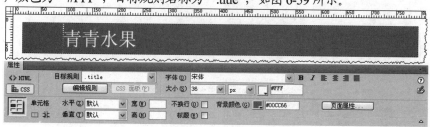

图6-59　设置文本属性

下面设置主体部分。

5. 在页眉表格的外面继续插入一个 1 行 2 列的表格，宽度为 "780 像素"，边距、间距和边框均为 "0"，对齐方式为 "居中对齐"。

6. 设置左侧单元格的宽度为 "150"，背景颜色为 "#00CC66"，左右两个单元格的水平对齐方式均为 "居中对齐"，垂直对齐方式均为 "顶端"。

7. 在左侧单元格中插入一个 5 行 1 列的嵌套表格，宽度为 "100%"，边距和间距均为 "5"，边框为 "0"，然后设置嵌套表格所有单元格的背景颜色均为 "#FFFFFF"，水平对齐方式均为 "居中对齐"，在单元格中输入文本。

8. 在右侧单元格中插入一个 2 行 3 列的嵌套表格，宽度为 "460 像素"，间距为 "10"，边距和边框均为 "0"，然后设置所有单元格的宽度均为 "140"，水平对齐方式均为 "居中对齐"，接着在单元格中从左至右依次插入图像 "shuiguo01.jpg"、"shuiguo02.jpg"、"shuiguo03.jpg"、"shuiguo04.jpg"、"shuiguo05.jpg" 和 "shuiguo06.jpg"，如图 6-60 所示。

图6-60　设置主体部分

下面设置页脚部分。

9. 在主体部分表格的外面继续插入一个 1 行 1 列的表格，宽度为 "780 像素"，边距为 "5"，间距和边框均为 "0"，对齐方式为 "居中对齐"。

10. 设置单元格的水平对齐方式为"居中对齐",高度为"40 像素",背景颜色为"#00CC66",然后输入相应的文本。

11. 保存文件。

6.4 课后作业

将附盘"课后作业\第 6 讲素材"文件夹下的内容复制到站点根文件夹下,然后根据步骤提示使用表格制作如图 6-61 所示网页。

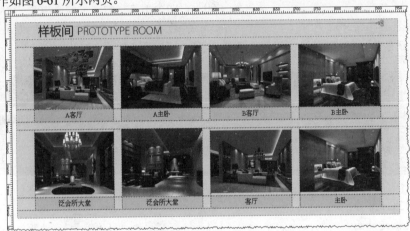

图6-61 使用表格制作网页

【步骤提示】

(1) 创建一个网页文档并保存为"6-4.htm"。

(2) 插入一个 6 行 1 列的表格,表格宽度为"950 像素",填充、间距和边框均为"0"。

(3) 设置表格所有单元格的背景颜色均为"#FFE294",然后在第 1 行单元格中插入图像"images/title.jpg"。

(4) 在第 3 行单元格中插入一个 2 行 9 列的嵌套表格,表格宽度为"100%",填充、间距和边框均为"0"。

(5) 将嵌套表格第 1 行的第 1 个单元格和最后一个单元格的宽度设置为"45",将第 2、4、6、8 个单元格的宽度设置为"200",将第 3、5、7 个单元格的宽度设置为"20"。

(6) 将嵌套表格第 2 行的第 2、4、6、8 个单元格的水平对齐方式设置为"居中对齐",单元格高度设置为"30",背景颜色设置为"#FFCC66"。

(7) 选中嵌套表格进行复制,然后将其粘贴到外层表格的第 5 行单元格中。

(8) 在两个嵌套表格的单元格中依次插入图像并输入相应的文本。

使用 AP Div 和框架

AP Div 是网页设计中一种特殊的页面布局应用，框架也是网页布局的工具之一，本讲将介绍 AP Div 的基本知识和使用框架布局网页的基本方法。本讲课时为 3 小时。

学习目标

◆ 掌握创建和编辑 AP Div 的方法。

◆ 掌握设置 AP Div 属性的方法。

◆ 掌握创建、编辑和保存框架的方法。

◆ 掌握设置框架和框架集属性的方法。

◆ 掌握创建嵌入式框架的方法。

7.1 使用 AP Div

在 Dreamweaver 8 及以前版本中习惯将 AP Div 称为层，从 Dreamweaver CS3 以后称为 AP Div。使用 AP Div 能够将内容随意定位在页面的任意位置，是网页设计中一种特殊的页面布局应用。

7.1.1 功能讲解

下面介绍创建和编辑 AP Div 的方法。

一、认识 AP Div 和【AP 元素】面板

AP Div 是一种能够随意定位的页面元素，如同浮动在页面里的透明层，可以将 AP Div 放置在页面的任何位置。由于 AP Div 中可以放置包含文本、图像或多媒体对象等其他内容，很多网页设计者都会使用 AP Div 定位一些特殊的网页内容。

页面中所有的 AP Div 都会显示在【AP 元素】面板中。选择菜单命令【窗口】/【AP 元素】，可以打开【AP 元素】面板。图 7-1 所示为一个包含多个 AP Div 的【AP 元素】面板。

图7-1 【AP 元素】面板

【AP 元素】面板的主体部分分为 3 列。第 1 列为显示与隐藏栏，在 ▣ 图标的下方，用于设置相应 AP Div 的显示和隐藏。第 2 列为 ID 名称栏，它与【属性】面板中【CSS-P 元素】选项的作用是相同的。第 3 列为 z 轴栏，它与【属性】面板中的 z 轴选项是相同的。

在【AP 元素】面板中可以实现以下功能。

- 可以对 AP Div 进行重命名。
- 可以修改 AP Div 的 z 轴顺序。
- 可以禁止 AP Div 重叠。
- 可以显示或隐藏 AP Div。
- 可以选定 AP Div，如果按住 Shift 键不放，依次单击可以选中多个 AP Div。
- 按住 Ctrl 键不放，将某一个 AP Div 拖动到另一个 AP Div 上，可形成嵌套的 AP Div。

二、创建 AP Div

在创建 AP Div 时，可以直接插入一个默认大小的 AP Div，也可以直接绘制自定义大小的 AP Div。

（1）插入默认大小的 AP Div。

将鼠标光标置于文档窗口中，选择菜单命令【插入】/【布局对象】/【AP Div】将插入一个默认大小的 AP Div，也可以将【插入】/【布局】面板上的 ▦ 绘制 AP Div 按钮拖曳到文档窗口，此时也将插入一个默认大小的 AP Div，如图 7-2 所示。

当向网页中插入 AP Div 时，AP Div 属性是默认的，如 AP Div 的大小和背景颜色等。如果希望按照自己预先定义的大小插入 AP Div，可以选择菜单命令【编辑】/【首选参数】，弹出【首选参数】对话框，在【分类】列表中选择【AP 元素】分类，根据需要对其中的参数进行设置即可，如图 7-3 所示。

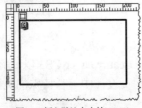

图7-2 插入默认大小的 AP Div

图7-3 定义【AP Div】分类的参数

（2）绘制自定义大小的 AP Div。

在【插入】/【布局】面板上单击 ▦ 绘制 AP Div 按钮，然后将鼠标指针移至文档窗口中，当指针变为 ＋ 形状时，按住鼠标左键并拖曳，到适合位置释放鼠标左键，将绘制一个自定义大小的 AP Div，如图 7-4 所示。如果想一次绘制多个 AP Div，在单击 ▦ 绘制 AP Div 按钮后，按住 Ctrl 键不放，连续进行绘制即可。

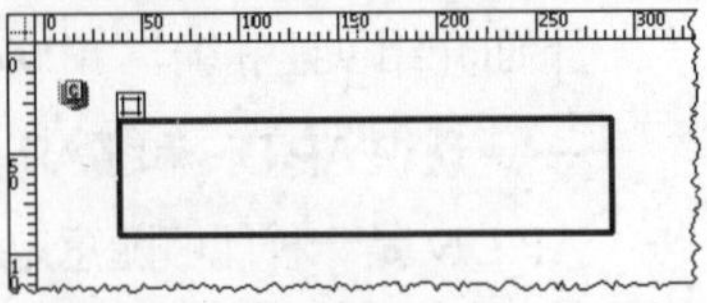

创建 AP Div 以后，可以在 AP Div 中添加文本、图像和表格等网页元素。

图7-4 绘制 AP Div

三、AP Div 属性

插入 AP Div 以后，在【属性】面板中可以查看和编辑 AP Div 的属性，如图 7-5 所示。

图7-5　AP Div【属性】面板

- 【CSS-P 元素】：用来设置 AP Div 的 ID 名称，在为 AP Div 创建 ID 名称 CSS 样式或者使用"行为"来控制 AP Div 时会用到 AP Div 编号。
- 【左】、【上】：设置 AP Div 的左边框和上边框距文档左边界和上边界的距离。
- 【宽】、【高】：设置 AP Div 的宽度和高度。
- 【Z 轴】：设置在垂直平面的方向上 AP Div 的顺序号。
- 【可见性】：设置 AP Div 的可见性，包括【default】（默认）、【inherit】（继承）、【visible】（可见）和【hidden】（隐藏）4 个选项。
- 【背景图像】：设置 AP Div 的背景图像。
- 【背景颜色】：设置 AP Div 的背景颜色。
- 【类】：添加对所选 CSS 样式的引用。
- 【溢出】：用来设置 AP Div 内容超过 AP Div 大小时的显示方式，包括 4 个选项。【visible】选项按照 AP Div 内容的尺寸向右、向下扩大 AP Div，以显示 AP Div 内的全部内容。【hidden】选项只能显示 AP Div 尺寸以内的内容。【scroll】选项不改变 AP Div 大小，但增加滚动条，用户可以通过拖曳滚动条来浏览整个 AP Div。该选项只在支持滚动条的浏览器中才有效，而且无论 AP Div 是否足够大，都会显示滚动条。【auto】选项只在 AP Div 不够大时才出现滚动条，该选项也只在支持滚动条的浏览器中才有效。
- 【剪辑】：用来设置 AP Div 的哪一部分是可见的。

四、创建嵌套 AP Div

AP Div 的嵌套就是指在一个 AP Div 中创建另一个 AP Div，且包含另一个 AP Div。制作嵌套的 AP Div 通常有两种方式：一种是在 AP Div 内部新建嵌套 AP Div；另一种是将已经存在的 AP Div 添加到另外一个 AP Div 内，从而使其成为嵌套的 AP Div。

（1）　绘制嵌套 AP Div。

选择菜单命令【编辑】/【首选参数】，弹出【首选参数】对话框，选择【分类】列表中的【AP 元素】分类，勾选右侧面板中的【在 AP Div 中创建以后嵌套】选项，如图 7-6 所示，然后在【插入】/【布局】面板中单击 绘制 AP Div 按钮，在现有 AP Div 中拖曳，则绘制的 AP Div 就嵌套在现有 AP Div 中了。

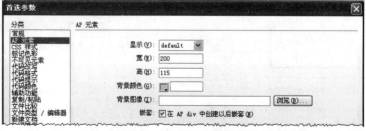

图7-6　勾选【在 AP div 中创建以后嵌套】选项

(2) 插入嵌套 AP Div。

将鼠标光标置于所要嵌套的 AP Div 中，然后选择菜单命令【插入】/【布局对象】/【AP Div】，插入一个嵌套的 AP Div，如图 7-7 所示。

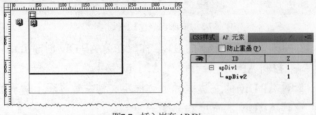

图7-7　插入嵌套 AP Div

(3) 使用【AP 元素】面板制作嵌套 AP Div。

在【AP 元素】面板中选中一个 AP Div，按住 Ctrl 键，将其拖曳到另一个 AP Div 上面，形成嵌套 AP Div。

AP Div 的嵌套和重叠不一样，嵌套的 AP Div 与父 AP Div 是有一定关系的，而重叠的 AP Div 除视觉上会有一些联系外，没有其他关系。

五、编辑 AP Div

在创建了 AP Div 以后，经常要根据实际需要对其进行编辑，包括选择 AP Div、缩放 AP Div、移动 AP Div、对齐 AP Div、AP Div 的可见性和 AP Div 的 z 轴顺序等。

(1) 选择 AP Div。

选择 AP Div 有以下几种方法。

- 单击文档中的 图标来选定 AP Div，如图 7-8 所示。如果该图标没有显示，可在【首选参数】/【不可见元素】分类中勾选【AP 元素的锚点】选项。
- 将鼠标光标置于 AP Div 内，然后在文档窗口底边的标签条中选择相应的 HTML 标签，如图 7-9 所示。

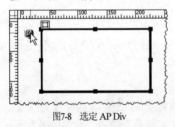

图7-8　选定 AP Div

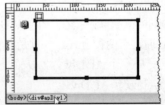

图7-9　选择 "<div#apDiv1>" 标签

- 单击 AP Div 的边框线，如图 7-10 所示。
- 在【AP 元素】面板中单击 AP Div 的名称，如图 7-11 所示。

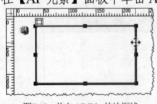

图7-10　单击 AP Div 的边框线

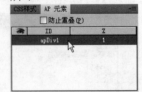

图7-11　单击 AP Div 的名称

- 如果要选定两个以上的 AP Div，只要按住 Shift 键，在文档窗口中逐个单击 AP Div 手柄或在【AP 元素】面板中逐个单击 AP Div 的名称即可。

(2) 缩放 AP Div。

缩放 AP Div 仅改变 AP Div 的宽度和高度，不改变 AP Div 中的内容。在文档窗口中可以缩放一个 AP Div，也可同时缩放多个 AP Div，使它们具有相同的尺寸。缩放单个 AP Div 有以下几种方法。

- 选定 AP Div，然后拖曳缩放手柄（AP Div 周围出现的小方块）来改变 AP Div 的尺寸。拖曳上或下手柄改变 AP Div 的高度，拖曳左或右手柄改变 AP Div 的宽度，拖曳 4 个角的任意一个缩放点同时改变 AP Div 的宽度和高度。
- 选定 AP Div，然后按住 Ctrl 键，每按一次方向键，AP Div 就被改变一个像素值。
- 选定 AP Div，然后同时按住 Shift + Ctrl 组合键，每按一次方向键，AP Div 就被改变 10 个像素值。

如果同时对多个 AP Div 的大小进行统一调整，方法是按住 Shift 键，将所有的 AP Div 逐一选定，然后在【属性】面板的【宽】文本框内输入数值，按 Enter 键确认。此时文档窗口中所有 AP Div 的宽度全部变成了指定的宽度。还可以选择菜单命令【修改】/【排列顺序】/【设成宽度相同】来统一宽度，利用这种方法将以最后选定的 AP Div 的宽度为标准。

(3) 移动 AP Div。

要想精确定位 AP Div，经常要根据需要移动 AP Div。移动 AP Div 时，首先要确定 AP Div 是可以重叠的，也就是不勾选【AP 元素】面板中的【防止重叠】选项，这样 AP Div 可以不受限制地被移动。移动 AP Div 的方法主要有以下几种。

- 选定 AP Div 后，当鼠标指针靠近缩放手柄，变为 ✛ 形状时，按住鼠标左键并拖曳，AP Div 将跟着鼠标的移动而发生位移。
- 选定 AP Div，然后按 4 个方向键，向 4 个方向移动 AP Div。每按一次方向键，将使 AP Div 移动 1 个像素值的距离。
- 选定 AP Div，按住 Shift 键，然后按 4 个方向键，向 4 个方向移动 AP Div。每按一次方向键，将使 AP Div 移动 10 个像素值的距离。

(4) 对齐 AP Div。

对齐功能可以使两个或两个以上的 AP Div 按照某一边界对齐。对齐 AP Div 的方法是，首先将所有 AP Div 选定，然后选择【修改】/【排列顺序】子菜单中的相应命令即可。如选择【对齐下缘】，将使所有被选中的 AP Div 的底边按照最后选定 AP Div 的底边对齐，即所有 AP Div 的底边都排列在一条水平线上。

(5) AP Div 的可见性。

AP Div 内可以包含所有的网页元素，通过改变 AP Div 的可见性，可以控制 AP Div 内元素的显示与隐藏。AP Div 的可见性可以通过【AP 元素】面板或 AP Div【属性】面板来修改。

- AP Div 名称左边为 👁 状态时，表示 AP Div 为可见，这时【属性】面板中的【可见性】选项为 "visible"（可见），如图 7-12 所示。
- AP Div 名称左边为 👁 状态时，表示 AP Div 为不可见，这时【属性】面板中的【可见性】选项为 "hidden"（隐藏），如图 7-13 所示。
- AP Div 名称左边没有 👁 或 👁 时，表示可见性为默认，这时【属性】面板中的【可见性】选项为 "default"（默认），如图 7-14 所示。

图7-12 将 AP Div 设置为可见　　图7-13 将 AP Div 设置为不可见　　图7-14 将 AP Div 可见性设置为默认

若需同时改变所有 AP Div 的可见性，则单击【AP 元素】面板中 👁 图标列最顶端的 👁 图标，原来所有的 AP Div 均变为可见或不可见。

(6) AP Div 的 z 轴顺序。

AP Div 的 z 轴的含义是，除了屏幕的 x、y 坐标之外，逻辑上增加了一个垂直于屏幕的 z 轴，z 轴顺序就好像 AP Div 在 z 轴上的坐标值。这个坐标值可正可负，也可以是 0，数值大的在上层，数值小的在下层。改变 AP Div 的 z 轴顺序的方法很简单，只需打开【AP 元素】面板，用鼠标指针指向需要改变序号的 AP Div，按住鼠标左键向上或向下拖曳，当拖曳到将要插入的两个 AP Div 之间时，会出现一条横线，此时释放鼠标左键，各个 AP Div 的 z 轴顺序会发生相应的改变，如图 7-15 所示。

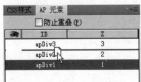

图7-15　改变 AP Div 的 z 轴顺序

六、AP Div 和 Div 标签

在 HTML 代码中，AP Div 和 Div 标签使用共同的 `<div>` 标记，那么两者有何不同，又有何联系呢？这可以从 AP 元素的定位方式的角度来说明。

AP 元素的定位方式有两种类型：绝对定位和相对定位。绝对定位是指 AP Div 元素以离包含自身最近的上一级对象的左上角点为参考点进行定位，相对定位是指 AP Div 元素以相对于自身位置的左上角为参考点进行定位。

通过更改 `<div>` 的定位方式，可以实现 AP Div 和 Div 标签的相互转换。方法是在 CSS 规则定位对话框的【Position】下拉列表中选择 "absolute" 或 "relative"，如图 7-16 所示，"absolute" 表示绝对定位方式，"relative" 表示相对定位方式。Dreamweaver CS4 默认创建的 AP Div 是绝对定位方式。

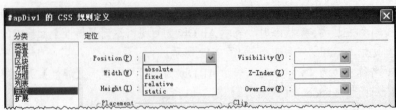

图7-16　AP 元素的定位方式

7.1.2　范例解析——插入和设置 AP Div

首先将附盘中的"范例解析\素材\第 7 讲\7-1-2\images"文件夹复制到站点根文件夹下，然后创建文档"7-1-2.htm"，并在文档中插入和设置 AP Div，最终效果如图 7-17 所示。

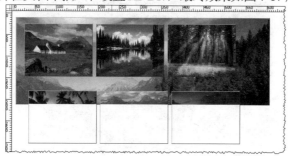

图7-17　插入和设置 AP Div

这是插入和设置 AP Div 的例子，可以先插入 AP Div，然后在 AP Div 中插入图像，具体操作步骤如下。

1.　创建一个文档并保存为"7-1-2.htm"。

2.　将鼠标光标置于文档中，然后选择菜单命令【插入】/【布局对象】/【AP Div】，插入一个默认大小的 AP Div，如图 7-18 所示。

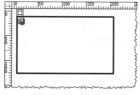

图7-18　插入 AP Div

3.　将鼠标光标置于 AP Div 内，然后选择菜单命令【插入】/【图像】，插入图像"images/bg.jpg"，如图 7-19 所示。

图7-19　插入图像

4.　选中 AP Div，其【属性】面板如图 7-20 所示。

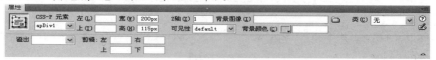

图7-20　AP Div【属性】面板

5. 在 AP Div【属性】面板中，在【左】和【上】文本框中均输入 "20px"，同时将 AP Div 的宽度和高度分别修改为 "600px" 和 "200px"，即与图像的宽度和高度相同，在【溢出】下拉列表中选择 "hidden"，如图 7-21 所示。

图7-21 设置 AP Div 属性

6. 继续插入 AP Div，ID 名称为 "apDiv2"，并进行属性设置，如图 7-22 所示，然后插入图像 "images/pic01.jpg"。

图7-22 插入和设置 AP Div

7. 继续插入 AP Div，ID 名称为 "apDiv3"，并进行属性设置，如图 7-23 所示，然后插入图像 "images/pic02.jpg"。

图7-23 插入和设置 AP Div

8. 继续插入 AP Div，ID 名称为 "apDiv4"，并进行属性设置，然后插入图像 "images/pic03.jpg"，如图 7-24 所示。

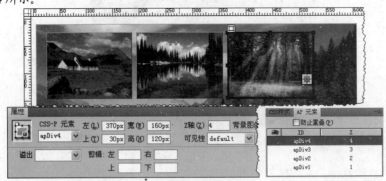

图7-24 插入和设置 AP Div

9. 继续插入 AP Div，ID 名称为 "apDiv5"，并进行属性设置，如图 7-25 所示，然后插入图像 "images/pic04.jpg"。

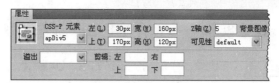

图7-25　插入和设置 AP Div

10. 继续插入 AP Div，ID 名称为 "apDiv6"，并进行属性设置，如图 7-26 所示，然后插入图像 "images/pic05.jpg"。

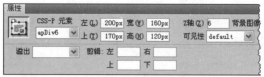

图7-26　插入和设置 AP Div

11. 继续插入 AP Div，ID 名称为 "apDiv7"，并进行属性设置，如图 7-27 所示，然后插入图像 "images/pic06.jpg"。

图7-27　插入和设置 AP Div

12. 在【AP 元素】面板中依次选中 "apDiv5"、"apDiv6" 和 "apDiv7"，然后按住 Ctrl 键，依次将其拖曳到另一个 "apDiv1" 上面，形成嵌套 AP Div，如图 7-28 所示。

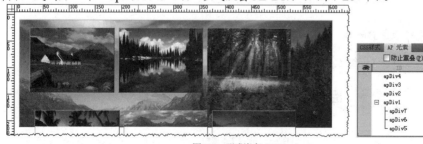

图7-28　形成嵌套 AP Div

13. 保存文件。

由于 "apDiv1" 的【溢出】选项为 "hidden"，因此，当 "apDiv5"、"apDiv6" 和 "apDiv7" 嵌套到 "apDiv1" 后，其溢出部分变为不可见。

7.1.3　课堂实训——使用 AP Div 制作特殊效果

使用 AP Div 制作阴影文本，在浏览器中的浏览效果如图 7-29 所示。

图7-29　使用 AP Div 制作特殊效果

　　这是使用 AP Div 重叠功能制作特效的例子，需要插入两个 AP Div，使其位置稍微有所错位，并将文本颜色设置有所差异即可。

【步骤提示】

1.　创建一个文档并保存为"7-1-3.htm"。

2.　将鼠标光标置于文档中，然后选择菜单命令【插入】/【布局对象】/【AP Div】插入一个默认大小的 AP Div，并重新设置其属性，如图 7-30 所示。

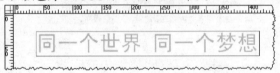

图7-30　设置 AP Div 属性

3.　将鼠标光标置于 AP Div 内，然后输入文本"同一个世界 同一个梦想"，并设置其字体为"黑体"，大小为"36px"，颜色为"#CCC"，如图 7-31 所示。

图7-31　设置文本属性

4.　继续插入一个 AP Div，并重新设置其左和上位置属性，如图 7-32 所示。

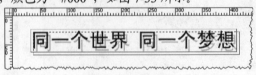

图7-32　设置 AP Div 属性

5.　将鼠标光标置于 AP Div 内，然后输入文本"同一个世界 同一个梦想"，并设置其字体为"黑体"，大小为"36px"，颜色为"#000"，如图 7-33 所示。

图7-33　设置文本属性

6.　保存文件并在浏览器中预览。

7.2 使用框架

　　框架也是网页布局的工具之一，它能够将网页分割成几个独立的区域，每个区域显示独立的内容。框架的边框还可以隐藏，从而使其看起来与普通网页没有任何不同。

7.2.1 功能讲解

　　下面介绍创建和设置框架网页的基本方法。

一、创建框架网页

　　当一个页面被划分为若干个框架时，Dreamweaver 就建立起一个未命名的框架集文件，每个框架中包含一个文档。也就是说，一个包含两个框架的框架集实际上存在 3 个文件，一个是框架集文件，另外两个是分别包含于各自框架内的文件。

　　Dreamweaver CS4 中预先定义了很多种框架集，创建预定义框架集的方法如下。

- 选择菜单命令【文件】/【新建】，打开【新建文档】对话框，切换到【示例中的页】选项卡，在【示例文件夹】列表中选择【框架页】选项，在右侧的【示例页】列表中选择相应的选项，如图 7-34 所示。

图7-34　【新建文档】对话框

- 在当前网页中，单击【插入】/【布局】工具栏中 ▢ ▾ 框架：左侧框架　　　　按钮的 ▾（向下箭头），在弹出的下拉按钮组中单击相应的按钮，如图 7-35 所示。
- 在当前网页中，选择菜单命令【插入】/【HTML】/【框架】，其子菜单命令如图 7-36 所示。

图7-35　【框架】工具按钮

图7-36　菜单命令

二、保存框架

由于一个框架集包含多个框架，每一个框架都包含一个文档，因此一个框架集会包含多个文件。在保存框架网页的时候，不能只简单地保存一个文件，而要将所有的框架网页文档都保存下来。可以分别保存每个框架集页面或框架页面，也可以同时保存所有的框架文件和框架集页面。

选择菜单命令【文件】/【保存全部】将依次保存框架集内的所有文件，包括框架集文件和框架文件，如图 7-37 所示；在需要保存的框架内单击，然后选择菜单命令【文件】/【保存框架】，可以对单个框架文件进行保存；选择菜单命令【文件】/【框架另存为】可以给框架文件改名；如果要将框架保存为模板，可以选择菜单命令【文件】/【框架另存为模板】；在【框架】面板或【设计】视图窗口中选择框架集，然后选择菜单命令【文件】/【保存框架】或【文件】/【框架集另存为】可以保存框架集文件。

图7-37　依次保存框架集内的所有文件

三、在框架中打开网页

在创建了框架网页后，既可以在各个框架中直接输入内容并保存，也可以在框架中打开已经创建好的网页，方法是将鼠标光标置于框架中，选择菜单命令【文件】/【在框架中打开网页】，打开需要打开的网页即可。

四、选择框架和框架集

对框架或框架集进行操作前，通常需要对其进行选择。选择框架和框架集通常有两种方法：在【框架】面板中进行选择和在编辑窗口中进行选择。

（1）　在【框架】面板中选择框架和框架集。

选择菜单命令【窗口】/【框架】，打开【框架】面板。【框架】面板以缩略图的形式列出了框架集及内部的框架，每个框架中间的文字就是框架的名称。在【框架】面板中，直接单击相应的框架即可选择该框架，单击框架集的边框即可选择该框架集。被选择的框架和框架集，其周围出现黑色细线框，如图 7-38 所示。

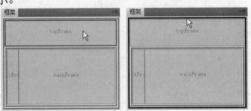

图7-38　在【框架】面板中选择框架和框架集

(2)　在编辑窗口中选择框架和框架集。

按住 Alt 键不放，在相应的框架内单击鼠标左键即可选择该框架，被选择的框架边框将显示为虚线。单击相应的框架集边框即可选择该框架集，被选择的框架集边框也将显示为虚线，如图 7-39所示。

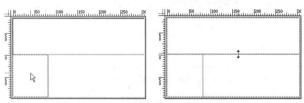

图7-39　在编辑窗口中选择框架和框架集

五、拆分和删除框架

虽然 Dreamweaver CS4 预先提供了许多框架集，但并不一定满足实际需要，这时就需要在预定义框架集的基础上拆分框架或直接手动自定义框架集的结构，删除不需要的框架。

(1)　使用菜单命令拆分框架。

选择【修改】/【框架集】子菜单中的【拆分左框架】、【拆分右框架】、【拆分上框架】或【拆分下框架】命令可以拆分框架，如图 7-40 所示。也可以在【插入】/【布局】面板中单击相应的【框架】按钮来拆分框架。这些命令可以用来反复对框架进行拆分，直至满意为止。

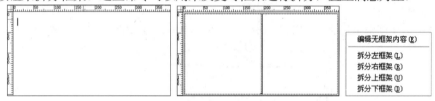

图7-40　【拆分左框架】命令的应用

(2)　手动自定义框架集。

选择菜单命令【查看】/【可视化助理】/【框架边框】，显示出当前网页的边框，然后将鼠标指针置于框架最外层边框线上，当鼠标指针变为 ↔ 时，单击并拖动鼠标到合适的位置即可创建新的框架，如图 7-41 所示。

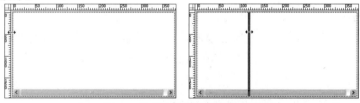

图7-41　拖动框架最外层边框线创建新的框架

如果将鼠标指针置于最外层框架的边角上，当鼠标指针变为 ✛ 时，单击并拖动鼠标到合适的位置，可以一次创建垂直和水平的两条边框，将框架分隔为 4 个框架，如图 7-42 所示。

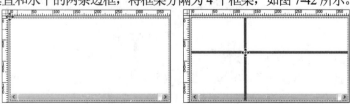

图7-42　拖动框架边角创建新的框架

如果拖动内部框架的边角，可以一次调整周围所有框架的大小，但不能创建新的框架，如图 7-43 所示。

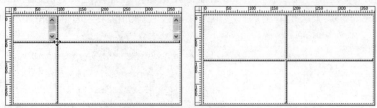

图7-43　拖动内部框架边角调整框架大小

如要创建新的框架，可以先按住 Alt 键，然后拖动鼠标指针，可以对框架进行垂直和水平的分隔，如图 7-44 所示。

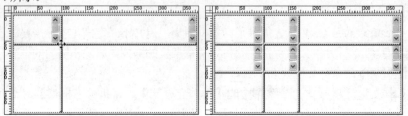

图7-44　对框架进行垂直和水平的分隔

(3)　删除框架。

如果要删除框架集内多余的框架，可以将其边框拖动到父框架边框上或直接拖离页面，如图 7-45 所示。

图7-45　向右拖动到父框架边框上即可删除一个框架

六、设置框架属性

框架及框架集是一些独立的 HTML 文档。可以通过设置框架或框架集的属性来对框架或框架集进行修改，如框架的大小、边框宽度和是否有滚动条等。

(1)　设置框架集属性。

框架集【属性】面板如图 7-46 所示。

图7-46　框架集【属性】面板

下面对各项参数的含义进行简要说明。

- 【边框】：用于设置是否有边框，其下拉列表中包含"是"、"否"和"默认"3 个选项。选择"默认"选项，将由浏览器端的设置来决定是否有边框。
- 【边框宽度】：用于设置整个框架集的边框宽度，以"像素"为单位。

- 【边框颜色】：用于设置整个框架集的边框颜色。
- 【行】或【列】：用于设置行高或列宽，显示【行】还是显示【列】是由框架集的结构决定的。
- 【单位】：用于设置行、列尺寸的单位，其下拉列表中包含"像素"、"百分比"和"相对" 3 个选项。

  "像素"：以"像素"为单位设置框架大小时，尺寸是绝对的，即这种框架的大小永远是固定的。若网页中其他框架用不同的单位设置框架的大小，则浏览器首先为这种框架分配屏幕空间，再将剩余空间分配给其他类型的框架。

  "百分比"：以"百分比"为单位设置框架大小时，框架的大小将随框架集大小按所设的百分比发生变化。在浏览器分配屏幕空间时，它比"像素"类型的框架后分配，比"相对"类型的框架先分配。

  "相对"：以"相对"为单位设置框架大小时，框架在前两种类型的框架分配完屏幕空间后再分配，它占据前两种框架的所有剩余空间。

  设置框架大小最常用的方法是将左侧框架设置为固定像素宽度，将右侧框架设置为相对大小。这样在分配像素宽度后，能够使右侧框架伸展以占据所剩余空间。

  当设置单位为"相对"时，在【值】文本框中输入的数字将消失。如果想指定一个数字，则必须重新输入。但是，如果只有一行或一列，则不需要输入数字。因为该行或列在其他行和列分配空间后，将接受所有剩余空间。为了确保浏览器的兼容性，可以在【值】文本框中输入"1"，这等同于不输入任何值。

(2) 设置框架属性。

框架【属性】面板如图 7-47 所示。

图7-47　框架【属性】面板

下面对各项参数的含义进行简要说明。

- 【框架名称】：用于设置链接指向的目标窗口名称。
- 【源文件】：用于设置框架中显示的页面文件。
- 【边框】：用于设置框架是否有边框，其下拉列表中包括"默认"、"是"和"否" 3 个选项。选择"默认"选项，将由浏览器端的设置来决定是否有边框。
- 【滚动】：用于设置是否为可滚动窗口，其下拉列表中包含"是"、"否"、"自动"和"默认" 4 个选项。"是"表示显示滚动条；"否"表示不显示滚动条；"自动"将根据窗口的显示大小而定，也就是当该框架内的内容超过当前屏幕上下或左右边界时，滚动条才会显示，否则不显示；"默认"表示不设置相应属性的值，从而使各个浏览器使用默认值。
- 【不能调整大小】：用于设置在浏览器中是否可以手动设置框架的尺寸大小。
- 【边框颜色】：用于设置框架边框的颜色。
- 【边界宽度】：用于设置左右边界与内容之间的距离，以"像素"为单位。
- 【边界高度】：用于设置上下边框与内容之间的距离，以"像素"为单位。

七、编辑无框架内容

有些浏览器不支持框架技术，Dreamweaver CS4 提供了解决这种问题的方法，即编辑"无框架内容"，以使不支持框架的浏览器也可以显示无框架内容。方法是，选择菜单命令【修改】/【框架集】/【编辑无框架内容】，进入如图 7-48 所示文档窗口，输入相应内容后，再次选择菜单命令【修改】/【框架集】/【编辑无框架内容】返回到普通视图即可。

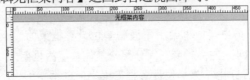

图7-48　编辑无框架内容

八、创建浮动框架

浮动框架是一种较为特殊的框架形式，可以包含在许多元素当中。创建浮动框架的方法是，选择菜单命令【插入】/【标签】，打开【标签选择器】对话框，然后展开【HTML 标签】分类，在右侧列表中找到"iframe"，如图 7-49 所示。

图7-49　【标签选择器】对话框

单击 插入(I) 按钮打开【标签编辑器－iframe】对话框进行设置，单击 确定 按钮返回到【标签编辑器】对话框，然后单击 关闭(C) 按钮关闭【标签编辑器】对话框即可，如图 7-50 所示。

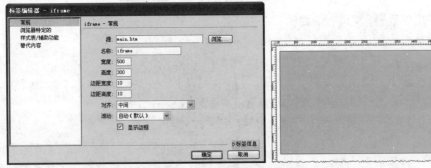

图7-50　【标签编辑器－iframe】对话框

下面对标签 iframe 各项参数的含义进行简要说明。

- 【源】：浮动框架中包含的文档路径名。
- 【名称】：浮动框架的名称，如"topFrame"和"mainFrame"。
- 【宽度】和【高度】：浮动框架的尺寸，有像素和百分比两种单位。
- 【边距宽度】和【边距高度】：浮动框架内元素与边界的距离。

- 【对齐】：浮动框架在外延元素中的 5 种对齐方式。
- 【滚动】：浮动框架页的滚动条显示状态。
- 【显示边框】：浮动框架的外边框显示与否。

7.2.2　范例解析——插入和设置框架

首先将附盘"范例解析\素材\第 7 讲\7-2-2"文件夹下的所有内容复制到站点根文件夹下，然后创建框架网页，最终效果如图 7-51 所示。

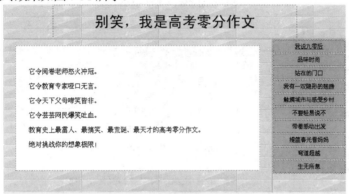

图7-51　创建框架网页

这是创建和编辑框架网页的例子，可以先插入预定义框架集，接着再在框架中打开预先制作好的网页，并设置框架集和框架属性，具体操作步骤如下。

1. 选择菜单命令【文件】/【新建】，打开【新建文档】对话框并切换到【示例中的页】选项卡，然后在【示例文件夹】列表中选择【框架页】选项，在右侧的【示例页】列表中选择【上方固定，右侧嵌套】选项，单击 创建(R) 按钮创建一个框架页，如图 7-52 所示。

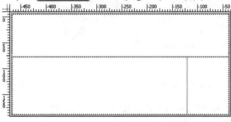

图7-52　创建框架网页

2. 将鼠标光标置于顶部框架内，选择菜单命令【文件】/【在框架中打开】打开文档"top.htm"，然后依次在左侧和右侧的框架内打开文档"main.htm"和"right.htm"，如图 7-53 所示。

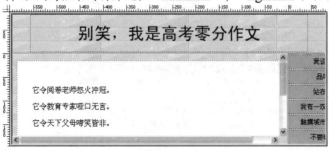

图7-53　在框架中打开网页

3. 在【框架】面板中单击第 1 层框架集边框选择整个框架集，然后选择菜单命令【文件】/【保存框架页】，将整个框架页保存为 "7-2-2.htm"。

4. 在【属性】面板中，将顶部框架高度设置为 "80 像素"，其他保持默认设置，如图 7-54 所示。

图7-54　设置第1层框架集属性

5. 选中第 2 层框架集，将右侧框架列宽设置为 "180 像素"，其他保持默认设置，如图 7-55 所示。

图7-55　设置第2层框架集属性

6. 选中顶部框架，然后在【属性】面板中设置边框为 "否"，其他保持默认设置，如图 7-56 所示。

图7-56　设置顶部框架属性

7. 选中右侧框架，然后在【属性】面板中设置边框为 "否"，其他保持默认设置，如图 7-57 所示。

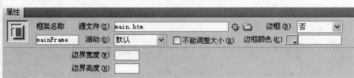

图7-57　设置右侧框架属性

8. 选中左侧框架，然后在【属性】面板中设置边框为 "否"，其他保持默认设置，如图 7-58 所示。

图7-58　设置左侧框架属性

9. 用鼠标选中右侧窗口中的文本 "我说九零后"，然后在 HTML【属性】面板中为其添加链接文件 "90hou.htm"，并在【目标】下拉列表中选择 "mainFrame" 选项，如图 7-59 所示。

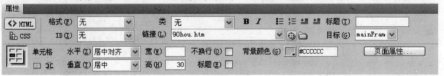

图7-59　设置超级链接

10. 选择菜单命令【文件】/【保存全部】，保存文件。

7.2.3 课堂实训——使用框架布局"技术论坛"网页

首先将附盘"课堂实训\素材\第 7 讲\7-2-3"文件夹下的内容复制到站点根文件夹下，然后使用框架制作"技术论坛"网页，最终效果如图 7-60 所示。

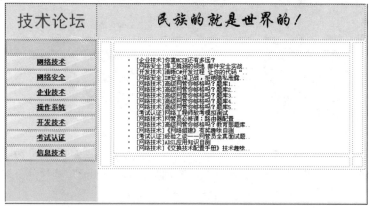

图7-60 "技术论坛"网页

这是创建和编辑框架网页的例子，可以先插入预定义框架集，接着再插入一个右侧框架，然后在各个框架中打开网页。

【步骤提示】

1. 新建一个文档窗口，然后在【插入】/【布局】面板中单击框架按钮组中的
   └□ ▾ 框架：顶部和嵌套的左侧框架┘ 按钮，创建一个框架页。

2. 选择菜单命令【文件】/【保存框架页】，将整个框架页保存为"7-2-3.htm"。

3. 在顶部框架、左侧框架和右侧框架中，依次打开文档"top.htm"、"left.htm"和"main.htm"。

4. 选中第 1 层框架集，将顶部框架高度设置为"100 像素"，如图 7-61 所示。

图7-61 设置第1层框架集属性

5. 选中第 2 层框架集，将左侧框架列宽设置为"190 像素"，如图 7-62 所示。

图7-62 设置第2层框架集属性

6. 选中顶部框架，然后在【属性】面板中设置其属性参数，如图 7-63 所示。

图7-63 设置顶部框架属性

7. 选中左侧框架，然后在【属性】面板中设置其属性参数，如图 7-64 所示。

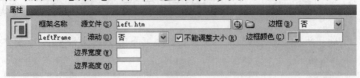

图7-64 设置左侧框架属性

8. 选中右侧框架，然后在【属性】面板中设置其属性参数，如图 7-65 所示。

图7-65 设置右侧框架属性

9. 用鼠标选中左侧窗口中的文本"网络技术"，然后在【属性】面板中为其添加链接文件"wangluojishu.htm"，并在【目标】下拉列表中选择"mainFrame"选项。

10. 为其他文本添加空链接，目标窗口均设置为"mainFrame"。

11. 选择菜单命令【文件】/【保存全部】，保存文件。

7.3 综合案例——使用框架布局"网络管理系统"网页

首先将附盘"范例解析\素材\第 7 讲"文件夹下的所有内容复制到站点根文件夹下，然后创建框架网页，最终效果如图 7-66 所示。

图7-66 创建框架网页

这是创建和编辑框架网页的例子，可以先插入预定义框架集，接着再插入一个右侧框架，然后在各个框架中打开网页，最后插入浮动框架。

【操作步骤】

1. 选择菜单命令【文件】/【新建】，打开【新建文档】对话框并切换到【示例中的页】选项卡，然后在【示例文件夹】列表中选择【框架页】选项，在右侧的【示例页】列表中选择"上方固定，左侧嵌套"选项，单击 创建(R) 按钮创建一个框架页。

2. 将鼠标光标置于右下方的框架内，在【插入】/【布局】面板的框架按钮组中单击 框架：右侧框架 按钮再插入一个框架窗口，如图 7-67 所示。

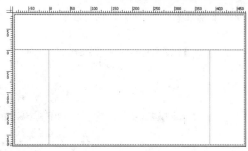

图7-67　插入框架

3. 将鼠标光标置于顶部框架内，选择菜单命令【文件】/【在框架中打开】打开文档 "top.htm"，然后依次在左侧、中间和右侧的框架内打开文档 "menu.htm"、"main.htm" 和 "list.htm"，如图 7-68 所示。

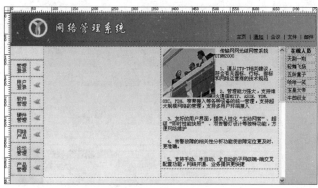

图7-68　在框架内打开文档

4. 在【框架】面板中单击第 1 层框架集边框选择整个框架集，然后选择菜单命令【文件】/【保存框架页】，将文件保存为 "7-2-2.htm"。

5. 同时在【属性】面板中设置第 1 层框架集相应属性，其中【行】（即顶部框架的高度）设置为 "68 像素"，接着在【属性】面板中单击框架集底部预览图，并设置相应属性参数，如图 7-69 所示。

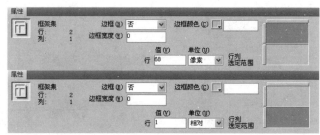

图7-69　设置第 1 层框架集属性

6. 选中顶部框架，然后在【属性】面板中设置相应属性参数，如图 7-70 所示。

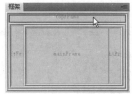

图7-70　设置顶部框架属性

7.　选中第 2 层框架集，然后在【属性】面板中设置相应属性参数，其中左侧框架宽度为"154 像素"，如图 7-71 所示。

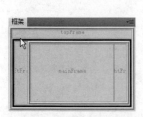
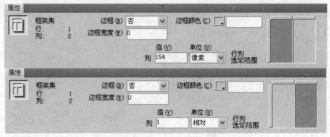

图7-71　设置第 2 层框架集属性

8.　选中左侧框架，然后在【属性】面板中设置相应属性参数，如图 7-72 所示。

图7-72　设置左侧框架属性

9.　选中第 3 层框架集，然后在【属性】面板中设置相应属性参数，其中右侧框架宽度为"112 像素"，如图 7-73 所示。

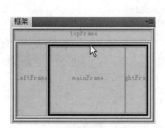

图7-73　设置第 3 层框架集属性

10.　选中中间框架，然后在【属性】面板中设置相应属性参数，如图 7-74 所示。

图7-74　设置中间框架属性

11.　选中右侧框架，然后在【属性】面板中设置相应属性参数，如图 7-75 所示。

图7-75　设置右侧框架属性

12. 最后选择菜单命令【文件】/【保存全部】保存文件，效果如图 7-76 所示。

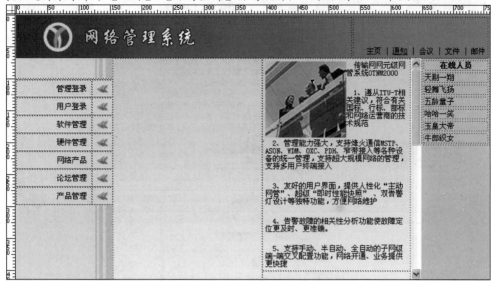

图7-76 框架网页

13. 将鼠标光标置于中间框架左上角单元格内，然后选择菜单命令【插入】/【标签】，打开【标签选择器】对话框，接着展开【HTML 标签】分类，在右侧列表中找到 "iframe"，单击 [插入(I)] 按钮打开【标签编辑器－iframe】对话框进行设置，如图 7-77 所示。

图7-77 【标签编辑器－iframe】对话框

14. 单击 [确定] 按钮返回到【标签编辑器】对话框，然后单击 [关闭(C)] 按钮关闭【标签编辑器】对话框。

15. 保存文档并在浏览器中预览。

7.4 课后作业

将附盘 "课后作业\第 7 讲\素材" 文件夹下的内容复制到站点根文件夹下，然后根据步骤提示使用框架制作如图 7-78 所示的网页。

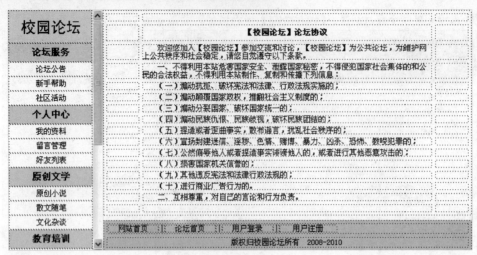

图7-78 框架网页

【步骤提示】

(1) 创建一个"左侧固定，下方嵌套"的框架网页，然后将其保存为"7-4.htm"。

(2) 设置最外层框架集属性。设置左侧框架的宽度为"150 像素"，边框为"否"，边框宽度为 "0"。设置右侧框架的宽度为"1"，单位为"相对"，边框为"否"，边框宽度为"0"。

(3) 设置第 2 层框架集属性。设置右侧底部框架的高度为"45 像素"，边框为"否"，边框宽度 为"0"。设置右侧顶部框架的宽度为"1"，单位为"相对"，边框为"否"，边框宽度为 "0"。

(4) 设置左侧框架源文件为"left.htm"，滚动条根据需要自动出现。

(5) 设置右侧框架源文件为"main.htm"，滚动条根据需要自动出现。

(6) 设置底部框架源文件为"bottom.htm"，无滚动条。

(7) 最后保存全部文件。

使用库和模板

使用库和模板可以统一网站风格，提高工作效率。本讲将介绍库和模板的基本知识以及使用库和模板制作网页的基本方法。本讲课时为 3 小时。

ⓘ 学习目标

◆ 了解库和模板的概念。

◆ 掌握创建和应用库的方法。

◆ 掌握创建和应用模板的方法。

8.1 使用库

在网页制作中，有时需要将一些网页元素应用在多个页面内。当要修改这些重复使用的页面元素时，逐页修改相当费时，要快速准确地修改这些元素可以使用库功能。下面介绍创建和应用库的基本知识。

8.1.1 功能讲解

库是一种特殊的 Dreamweaver 文件，可以用来存放诸如文本、图像等网页元素，这些元素通常被广泛用于整个站点，并且经常被重复使用或更新。在创建库项目时将自动生成库文件夹 "Library"，用于存放库项目，不能对文件夹进行修改。

一、创建库项目

创建库项目的方法有两种：创建空白库项目和创建基于选定内容的库项目。

(1) 创建空白库项目。

创建空白库项目的方法是，选择菜单命令【窗口】/【资源】，打开【资源】面板，单击 📖 （库）按钮切换至【库】分类，单击【资源】面板右下角的 🗗 （新建库项目）按钮，新建一个库项目，然后在列表框中输入库项目的名称并按 Enter 键确认，如图 8-1 所示。此时它还是一个空白库项目，是没有实际意义的，还需要通过单击面板底部的 📝 （编辑）按钮打开库项目添加内容。

图8-1 创建空白库项目

也可以选择菜单命令【文件】/【新建】，打开【新建文档】对话框，选择【空白页】/【库项目】选项来创建库项目。此时的库项目是打开的，添加内容后保存即可。

(2) 创建基于选定内容的库项目。

也可以将网页中现有的对象元素转换为库文件。方法是，在页面中选择要转换的内容，然后选择菜单命令【修改】/【库】/【增加对象到库】，将选中的内容转换为库项目，并显示在【库】列表中，最后输入库名称并确认即可，如图 8-2 所示。

图8-2 创建基于选定内容的库项目

二、应用库项目

库项目是可以在多个页面中重复使用的页面元素。应用库项目的方法是，单击【资源】面板底部的 插入 按钮（或者单击鼠标右键，在弹出的快捷菜单中选择【插入】命令），将库项目插入到当前网页文档中。在使用库项目时，Dreamweaver 不是向网页中直接插入库项目，而是插入一个库项目链接，通过【属性】面板中的 "Src/Library/ruishi.lbi" 可以清楚地说明这一点，如图 8-3 所示。

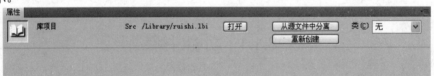

图8-3 库项目【属性】面板

三、修改库项目

库项目创建以后，根据需要适时地修改其内容是不可避免的。如果要修改库项目，需要直接打开库项目进行修改。方法是，在【资源】面板的库项目列表中双击库项目，或先选中库项目再单击面板底部的 按钮打开库项目，也可以在引用库项目的网页中选中库项目，然后在【属性】面板中单击 打开 按钮打开库项目。

四、更新应用了库项目的文档

在库项目被修改且保存后，通常引用该库项目的网页会进行自动更新。如果没有进行自动更新，可以选择菜单命令【修改】/【库】/【更新当前页】，对应用库项目的当前网页进行更新，或选择【更新页面】命令，打开【更新页面】对话框，进行参数设置后更新相关页面，如图 8-4 所示。

图8-4 【更新页面】对话框

如果在【更新页面】对话框的【查看】下拉列表中选择"整个站点"选项，然后从其右侧的下拉列表中选择站点的名称，将会使用当前版本的库项目更新所选站点中的所有页面；如果选择【文件使用…】选项，然后从其右侧的下拉列表中选择库项目名称，将会更新当前站点中所有应用了该库项目的文档。

五、从源文件中分离库项目

一旦在网页文档中应用了库项目，如果希望其成为网页文档的一部分，这就需要将库项目从源文件中分离出来。方法是，在当前网页中选中库项目，然后在【属性】面板中单击 从源文件中分离 按钮，在弹出的信息提示框中单击 确定 按钮，将库项目的内容与库文件分离，如图 8-5 所示。分离后，就可以对这部分内容进行编辑了，因为它已经是网页的一部分，与库项目再没有联系。

图8-5 分离库项目信息提示框

六、删除库项目

如果要删除库项目，方法是，打开【资源】面板并切换至【库】分类，在库项目列表中选中要删除的库项目，单击【资源】面板右下角的 🗑 按钮或直接在键盘上按 Delete 键即可。一旦删除一个库项目，将无法恢复，所以应特别小心。

8.1.2 范例解析——使用库制作"美图欣赏"网页

首先将附盘中的"范例解析\素材\第 8 讲\8-1-2\images"文件夹复制到站点根文件夹下，然后创建两个库项目"head.lbi"和"foot.lbi"以及一个网页文档"8-1-2.htm"，并在文档中引用两个库项目制作网页，最终效果如图 8-6 所示。

图8-6 创建和应用库

这是插入库项目的例子，可以先制作库项目，然后再在网页中引用库项目，具体操作步骤如下。

1. 选择菜单命令【窗口】/【资源】，打开【资源】面板，单击 📖（库）按钮切换至【库】分类，单击【资源】面板右下角的 📲（新建库项目）按钮新建一个库项目，然后在列表框中输入库项目的名称"head"并按 Enter 键确认，如图8-7所示。

图8-7　创建库项目"head"

2. 选中库项目"head"，单击面板底部的 ✏️（编辑）按钮打开库项目。

3. 将鼠标光标置于文档中，选择菜单命令【插入】/【表格】，插入一个1行1列的表格，属性参数设置如图8-8所示。

图8-8　表格【属性】面板

4. 接着设置单元格属性，参数设置如图8-9所示。

图8-9　单元格【属性】面板

5. 在单元格中插入图像"../images/logo.gif"，如图8-10所示。

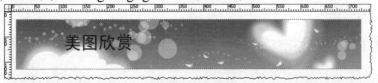

图8-10　插入和设置Div标签

6. 保存文件，然后运用同样的方法创建库项目"foot.lbi"，如图8-11所示。

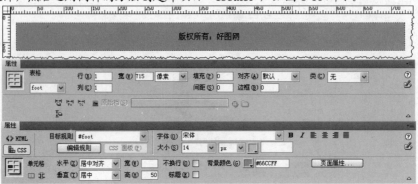

图8-11　创建库项目"foot.lbi"

7. 创建文档 "8-1-2.htm"，然后在【资源】面板中选中库项目 "head.lbi" 并单击底部的 [插入] 按钮，将库项目插入到当前网页中。

8. 在页眉库项目 "head.lbi" 的下面继续插入一个 1 行 1 列的表格，宽度为 "715 像素"，单元格水平对齐方式为 "居中对齐"，然后在表格中插入图像 "../images/shu.jpg"，如图 8-12 所示。

图8-12 插入表格和图像

9. 在表格的下面再插入页脚库项目 "foot.lbi"。

10. 保存文件。

8.1.3 课堂实训——将页面元素转换为库项目

首先将附盘 "课堂实训\素材\第 8 讲\8-1-3" 文件夹下的内容复制到站点根文件夹下，然后将网页文档 "8-1-3.htm" 中的页眉和页脚部分转换为库项目，最终效果如图 8-13 所示。

图8-13 将页眉和页脚部分转换为库项目

这是将网页中现有的对象元素转换为库文件，可以先选择要内容，然后通过菜单命令【修改】/【库】/【增加对象到库】，将选中的内容转换为库项目。

【步骤提示】

1. 打开网页文档 "8-1-3.htm"，将鼠标光标置于页眉部分表格单元格中，然后单击鼠标右键，在弹出的快捷菜单中选择【表格】/【选择表格】命令选中表格。

2. 接着选择菜单命令【修改】/【库】/【增加对象到库】，将选中的内容转换为库项目，名称为 "head.lbi"。

3. 将鼠标光标置于页脚部分表格单元格中，然后单击鼠标右键，在弹出的快捷菜单中选择【表格】/【选择表格】命令，选中表格。

4.　接着选择菜单命令【修改】/【库】/【增加对象到库】，将选中的内容转换为库项目，名称为"foot.lbi"。

5.　再次保存文件"8-1-3.htm"。

8.2　使用模板

模板的功能在于可以批量制作网页，并且可以同时更新多个页面，使网站拥有更统一的风格。

8.2.1　功能讲解

模板是制作具有相同版式和风格的网页文档的基础文档。在 Dreamweaver 中，创建的模板文件保存在站点的"Templates"文件夹内，"Templates"文件夹是自动生成的，不能对其进行修改。

一、创建模板

创建模板文件通常有以下两种方式。

(1)　直接创建模板。

在【资源】面板的【模板】分类中，单击右下角的 ⊡ 按钮，在"Untitled"处输入新的模板名称，并按 Enter 键确认即可，如图 8-14 所示。此时的模板还是一个空文件，需要通过单击面板底部的 ✐（编辑）按钮打开添加模板对象才有实际意义。

图8-14　通过【资源】面板创建模板

也可以选择菜单命令【文件】/【新建】，打开【新建文档】对话框，然后选择【空白页】/【HTML 模板】或【空模板】/【HTML 模板】中的选项来创建模板文件，如图 8-15 所示。此时在【资源】面板的【模板】分类中将增加此模板文件。

图8-15　选择【HTML 模板】/【无】选项

(2)　将现有网页另存为模板。

将现有网页保存为模板是一种比较快捷的方式，方法是，打开一个现有的网页，删除其中不需要的内容，并设置模板对象，然后选择命令【模板】/【另存为模板】，打开【另存模板】对话框，将当前的文档保存为模板文件，如图 8-16 所示。

图8-16 【另存模板】对话框

二、添加模板对象

比较常用的模板对象有可编辑区域、重复区域和重复表格，下面进行简要介绍。

(1) 可编辑区域。

可编辑区域是指可以对其进行添加、修改和删除网页元素等操作的区域。选择菜单命令【插入】/【模板对象】/【可编辑区域】打开【新建可编辑区域】对话框，在【名称】文本框中输入可编辑区域名称，单击 确定 按钮即可，如图8-17所示。

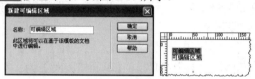

图8-17 插入可编辑区域

可编辑区域在模板中由高亮显示的矩形边框围绕，该边框使用在首选参数中设置的高亮颜色。该区域左上角的选项卡显示该区域的名称。

在插入可编辑区域时，可以将整个表格定义为可编辑区域，也可以将单个单元格定义为可编辑区域，但不能同时指定表格中的某几个单元格为可编辑区域。

修改可编辑区域等模板对象的名称可通过【属性】面板进行。这时首先需要选择模板对象，方法是单击模板对象的名称或者将鼠标光标定位在模板对象处，然后在工作区下面选择相应的标签，在选择模板对象时会显示其【属性】面板，在【属性】面板中修改模板对象名称即可，如图8-18所示。

图8-18 【属性】面板

(2) 重复区域。

重复区域是指可以在模板中复制任意次数的指定区域。选择菜单命令【插入】/【模板对象】/【重复区域】，打开【新建重复区域】对话框，在【名称】文本框中输入重复区域名称并单击 确定 按钮，即可插入重复区域，如图8-19所示。

图8-19 插入重复区域

重复区域不是可编辑区域，若要使重复区域中的内容可编辑，必须在重复区域内插入可编辑区域或重复表格。

重复区域可以包含整个表格或单独的表格单元格。如果选定"<td>"标签，则重复区域中包括单元格周围的区域，如果未选定，则重复区域将只包括单元格中的内容。在一个重复区域内可以继续插入另一个重复区域。整个被定义为重复区域的部分都可以被重复使用。

(3)　重复表格。

重复表格是指包含重复行的表格格式的可编辑区域，可以定义表格的属性并设置哪些单元格可编辑。选择菜单命令【插入】/【模板对象】/【重复表格】，打开【插入重复表格】对话框，并进行参数设置，然后单击 确定 按钮，即可插入重复表格，如图 8-20 所示。

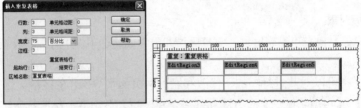

图8-20　插入重复表格

重复表格可以被包含在重复区域内，但不能被包含在可编辑区域内。另外，不能将选定的区域变成重复表格，只能插入重复表格。

如果在【插入重复表格】对话框中不设置【单元格边距】、【单元格间距】和【边框】的值，则大多数浏览器按【单元格边距】为"1"、【单元格间距】为"2"和【边框】为"1"显示表格。【插入重复表格】对话框的上半部分与普通的表格参数没有什么不同，重要的是下半部分的参数。

- 【重复表格行】：用于指定表格中的哪些行包括在重复区域中。
- 【起始行】：用于设置重复区域的第 1 行。
- 【结束行】：用于设置重复区域的最后 1 行。
- 【区域名称】：用于设置重复表格的名称。

三、应用模板

创建模板的目的在于应用，应用模板生成网页的方式有两种。

(1)　从模板新建网页。

选择菜单命令【文件】/【新建】，打开【新建文档】对话框，选择【模板中的页】选项，然后在站点列表框中选择站点，在模板列表框中选择模板，并勾选【当模板改变时更新页面】选项，以确保模板改变时更新基于该模板的页面，如图 8-21 所示，然后单击 创建(R) 按钮来创建基于模板的网页文档。

图8-21　从模板创建网页

(2)　在已存在页面中应用模板。

首先打开要应用模板的网页文档，然后选择菜单命令【修改】/【模板】/【应用模板到页】，或在【资源】面板的模板列表框中选中要应用的模板，再单击面板底部的 应用 按钮，即可应用模板。如果已打开的文档是一个空白文档，文档将直接应用模板；如果打开的文档是一个有内容的文档，这时通常会打开一个【不一致的区域名称】对话框，如图 8-22 所示，该对话框会提示用户将文档中的已有内容移到模板的相应区域。

图8-22　【不一致的区域名称】对话框

另外，在【资源】面板中修改、更新和删除模板的方法与库是一样的，这里不再赘述。

8.2.2　范例解析——使用模板制作"世界名瀑"网页

首先将附盘"范例解析\素材\第 8 讲\8-2-2\"文件夹下的内容复制到站点根文件夹下，然后使用库和模板制作"世界名瀑"网页，最终效果如图 8-23 所示。

图8-23　"世界名瀑"网页

这是使用库和模板制作网页的例子，库项目已经制作好不需要再制作，主要问题是创建模板，在模板中引用库项目，并添加模板对象，最后使用模板创建网页，具体操作步骤如下。

【操作步骤】

下面创建模板文件。

1. 选择菜单命令【窗口】/【资源】打开【资源】面板，并切换至【模板】分类，单击右下角的 按钮，新建模板"8-2-2.dwt"。
2. 双击打开模板文件"8-2-2.dwt"，重新定义标签 body 的 CSS 样式，设置字体为"宋体"、大小为"12 像素"，边界为"0"，文本居中对齐，然后重新定义标签 table 的 CSS 样式，设置字体为"宋体"、大小为"12 像素"，如图 8-24 所示。

图8-24　创建标签CSS样式

3. 将【资源】面板切换至【库】分类，依次选中库项目"head.lbi"和"foot.lbi"并单击 插入 按钮，将库项目插入到文档中。

4. 在两个库项目中间插入一个 1 行 1 列的表格，宽度为"780 像素"，填充、间距和边框均为"0"，单元格高度为"20"，单元格背景颜色为"#6695C3"，如图 8-25 所示。

图8-25　插入表格

5. 在表格的下面继续插入一个 1 行 2 列的表格，宽度为"780 像素"，填充、间距和边框均为"0"。

6. 将两个单元格的水平对齐方式和垂直对齐方式均设置为"居中对齐"和"顶端"，单元格背景颜色为"#6695C3"，其中第 1 个单元格的宽度和高度分别设置为"180"和"300"。

   下面在左侧单元格中插入模板对象重复表格。

7. 将鼠标光标置于左侧单元格内，然后选择菜单命令【插入】/【模板对象】/【重复表格】，插入重复表格，参数设置如图 8-26 所示。

图8-26　插入重复表格

8. 单击"EditRegion3"，然后在【属性】面板中将其修改为"导航 1"，同样将"EditRegion4"修改为"导航 2"，如图 8-27 所示。

图8-27　修改可编辑区域名称

9. 将两个单元格的水平对齐方式均设置为"居中对齐"，垂直对齐方式均设置为"居中"，高度设置为"30"，背景颜色设置为"#FFFFFF"。

   下面在右侧单元格中插入模板对象重复区域和可编辑区域。

10. 将鼠标光标置于右侧单元格内，然后选择菜单命令【插入】/【模板对象】/【重复区域】，插入重复区域，参数设置如图 8-28 所示。

图8-28 插入重复区域

11. 将重复区域内的文本删除，然后插入一个1行2列的表格，如图8-29所示。

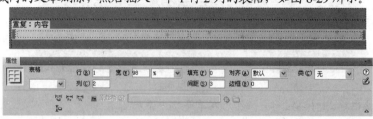

图8-29 插入表格

12. 将两个单元格的水平对齐方式均设置为"左对齐"，垂直对齐方式均设置为"顶端"，宽度均设置为"50%"。

13. 将鼠标光标置于第1个单元格内，然后选择菜单命令【插入】/【模板对象】/【可编辑区域】，插入可编辑区域，运用相同的方法在第2个单元格中也插入可编辑区域，如图8-30所示。

图8-30 插入可编辑区域

14. 选择菜单命令【文件】/【保存】，保存模板，效果如图8-31所示。

图8-31 模板效果

下面利用模板制作网页。

15. 选择菜单命令【文件】/【新建】，弹出【新建文档】对话框，选择【模板中的页】/【mysite】/【8-2-2】选项，并勾选【当模板改变时更新页面】选项。

16. 单击 创建(R) 按钮，创建基于模板的网页文档，如图8-32所示。

图8-32　利用模板创建网页

17. 在左侧单元格中单击⊞按钮两次，然后在单元格中添加文本。

18. 在右侧单元格中单击⊞按钮 1 次，然后将单元格中的文本删除，重新添加文本，并插入图像，使其左对齐。

19. 最后保存文件。

8.2.3　课堂实训——制作"一翔学校"网页模板

首先将附盘"课堂实训\素材\第 8 讲\8-2-3"文件夹下的内容复制到站点根文件夹下，然后制作"一翔学校"网页模板，最终效果如图 8-33 所示。

图8-33　"一翔学校"网页模板

这是使用库和模板制作网页的例子，库项目已经制作好不需要再制作，主要问题是创建模板，在模板中引用库项目，并添加模板对象，最后使用模板创建网页。

【步骤提示】

1. 创建模板文件"8-2-3.dwt"，选择菜单命令【修改】/【页面属性】打开【页面属性】对话框，设置文本大小为"12px"，页边距为"0"，然后插入页眉和页脚两个库文件。

2. 在页眉和页脚中间插入一个 1 行 2 列、宽为"780 像素"的表格，填充、间距和边框均为"0"，表格对齐方式为"居中对齐"。

3. 设置左侧单元格的水平对齐方式为"居中对齐"，垂直对齐方式为"顶端"，宽度为"160"，然后在左侧单元格中插入名称为"导航栏"的重复区域，将重复区域中的文本删除，然后插入一个 1 行 1 列、宽度为"90%"的表格，填充、边框均为"0"，间距为"5"。

4. 设置右侧单元格的水平对齐方式为"居中对齐"，垂直对齐方式为"顶端"，然后在其中插入名称为"内容"的重复表格，如图 8-34 所示。把重复表格两个单元格中的可编辑区域的名称分别修改为"标题行"和"内容行"。

图8-34 插入重复表格

5. 保存模板。

8.3 综合案例——使用库和模板创建网页

首先将附盘"范例解析\素材\第 8 讲"文件夹下的所有内容复制到站点根文件夹下,然后使用库和模板创建网页,最终效果如图 8-35 所示。

图8-35 利用模板创建文件

这是创建和编辑框架网页的例子,可以先插入预定义框架集,接着再插入一个右侧框架,然后在各个框架中打开网页,最后插入浮动框架。

【操作步骤】

下面首先创建库项目"top"、"foot"和"left"。

1. 选择菜单命令【窗口】/【资源】,打开【资源】面板并切换至【库】分类,单击【资源】面板右下角的 ▣ (新建库项目)按钮新建一个库项目"top"。

2. 运用同样的方法创建名称为"foot"和"left"的库项目。

3. 选中库项目"top"并单击面板底部的 ▨ (编辑)按钮打开库项目。

4. 将鼠标光标置于文档中,选择菜单命令【插入】/【表格】插入一个表格,属性参数设置如图 8-36 所示。

图8-36 表格属性参数

5. 将第 1 个单元格的宽度设置为"316 像素",然后插入图像"images/Logo.jpg",将第 2 个单元格的宽度设置为"464 像素",然后插入图像"images/banner.jpg",如图 8-37 所示。

图8-37 插入图像

6. 接着再插入一个 1 行 9 列的表格,将第 1 个和最后一个单元格的宽度设置为"47 像素",其他单元格的宽度设置为"98 像素",然后从第 2 个单元格起依次插入图像"images/top_nav01.jpg"~"images/top_nav07.jpg"。

7. 在上一个表格的下面再插入一个 1 行 1 列的表格,表格 ID 名称为"line",其他属性参数设置如图 8-38 所示。

图8-38 表格属性参数

8. 将单元格的高度设置为"8",并将单元格源代码中的不换行空格符" "删除。

9. 创建 ID 名称 CSS 样式"#line",将背景图像设置为"images/line.jpg",并设置为横向重复,如图 8-39 所示。

图8-39 创建 ID 名称 CSS 样式"#line"

10. 给每幅图像添加空链接"#"并保存文件,效果如图 8-40 所示。

图8-40 页眉库项目

11. 打开库项目"foot",然后插入一个 4 行 1 列的表格,宽度为"780 像素",填充、间距和边框均为"0",对齐方式为"居中对齐"。

12. 将第 1 行单元格的 ID 设置为"tdbg",高度设置为"8",如图 8-41 所示,并将单元格源代码中的不换行空格符" "删除。

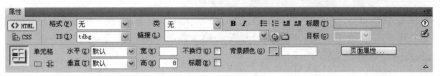

图8-41 设置单元格属性

13. 创建 ID 名称 CSS 样式 "#tdbg"，将背景图像设置为 "images/line.jpg"，并设置为横向重复。

14. 将其他单元格的水平对齐方式设置为 "居中对齐" 并输入文本，然后保存文件，效果如图 8-42 所示。

图8-42 页脚库项目

15. 打开库项目 "left"，然后插入一个 6 行 1 列的表格，宽度为 "170 像素"，填充、边框均为 "0"，间距为 "5"。

16. 将所有单元格的水平对齐方式设置为 "居中对齐"，高度设置为 "25"，背景颜色设置为 "#CCCCCC"，如图 8-43 所示。

图8-43 设置单元格属性

17. 在单元格中输入文本并保存文件，效果如图 8-44 所示。

图8-44 导航栏库项目

下面创建模板文件。

18. 在【资源】面板的【模板】分类中，单击面板底部的 ![] 按钮创建模板文件 "8-3.dwt"，然后单击 ![] （编辑）按钮打开模板文件。

19. 将页眉库项目 "top" 插入到模板顶部，然后在页眉下面插入一个 1 行 2 列的表格，将左侧单元格的水平对齐方式设置为 "居中对齐"，垂直对齐方式设置为 "顶端"，宽度设置为 "180 像素"，然后将创建的库项目 "left.lbi" 插入到单元格中。

20. 将右侧单元格的水平对齐方式设置为 "居中对齐"，垂直对齐方式设置为 "顶端"，然后在其中插入一个 3 行 1 列的表格，宽度为 "98%"，填充和边框均为 "0"，间距为 "5"，并将第 2 行单元格的高度设置为 "25"，输入相应文本。

21. 将鼠标光标置于第 1 行单元格中，然后选择菜单命令【插入】/【模板对象】/【可编辑区域】，插入一个可编辑区域，并输入相应的说明文本，如图 8-45 所示。

图8-45 插入可编辑区域

22. 将鼠标光标置于第 3 行单元格中，然后选择菜单命令【插入】/【模板对象】/【重复表格】，插入一个重复表格，并通过【属性】面板修改重复表格中各个可编辑区域的名称，如图 8-46 所示。

图8-46 【插入重复表格】对话框

23. 最后将本项目创建的页脚库项目 "foot" 插入到模板底部并保存文件，如图 8-47 所示。

图8-47 创建模板文件

下面利用模板文件创建网页。

24. 选择菜单命令【文件】/【新建】，打开【新建文档】对话框，选择【模板中的页】/【mysite】/【8-3】选项，并勾选【当模板改变时更新页面】选项，如图 8-48 所示。

图8-48 【新建文档】对话框

25. 单击 创建(R) 按钮创建一个基于模板的网页文档，如图 8-49 所示。

26. 删除 "学校简介" 可编辑区域中的提示性文本，输入学校简介内容。

27. 在 "图片一" 可编辑区域中插入图像 "images/syx01.jpg"，在 "说明一" 可编辑区域中输入文本 "宋昱宵图片一"。

28. 在 "图片二" 可编辑区域中插入图像 "images/syx02.jpg"，在 "说明二" 可编辑区域中输入文本 "宋昱宵图片二"。

图8-49 创建基于模板的网页文档

29. 在"图片三"可编辑区域中插入图像"images/syx03.jpg",在"说明三"可编辑区域中输入文本"宋昱霄图片三"。

30. 如果需要添加重复栏目,可单击 ⊞ 按钮进行添加。

31. 保存文件。

8.4 课后作业

将附盘"课后作业\第 8 讲\素材"文件夹下的内容复制到站点根文件夹下,然后根据步骤提示使用框架制作如图 8-50 所示的网页。

图8-50 网页模板

【步骤提示】

(1) 创建页眉库文件"top_yx.lbi",在其中插入一个 1 行 1 列、宽为"780 像素"的表格,填充、间距和边框均为"0",表格对齐方式为"居中对齐",然后在单元格中插入"image"文件夹下的图像文件"logo_yx.gif"。

(2) 创建页脚库文件"foot_yx.lbi",在其中插入一个 2 行 1 列、宽为"780 像素"的表格,填充、间距和边框均为"0",表格对齐方式为"居中对齐",然后设置单元格水平对齐方式为"居中对齐",垂直对齐方式为"居中",单元格高度为"25",然后输入相应的文本。

(3) 创建模板文件"8-4.dwt",设置页边距均为"0",文本大小为"12 像素",然后插入页眉和页脚两个库文件。

(4) 在页眉和页脚中间插入一个 1 行 3 列、宽为"780 像素"的表格,填充、间距和边框均为"0",表格对齐方式为"居中对齐",然后设置所有单元格的水平对齐方式为"居中对齐",垂直对齐方式为"顶端",其中左侧和右侧单元格的宽度均为"180 像素"。

(5) 在左侧单元格插入名称为"左侧栏目"的可编辑区域。

(6) 在中间单元格插入名称为"中间栏目"的重复表格，如图 8-51 所示。然后把重复表格两个单元格中的可编辑区域的名称分别修改为"标题行"和"内容行"，并设置标题行单元格的高度为"25"，背景颜色为"#CCFFFF"。

图8-51 插入重复表格

(7) 在右侧单元格插入名称为"右侧栏目"的重复区域，删除重复区域中的文本，然后在其中插入一个 1 行 1 列的表格，表格宽度为"98%"，填充和边框均为"0"，间距为"2"，最后在单元格插入名称为"右侧内容"的可编辑区域。

(8) 保存模板，然后使用该模板创建一个网页文档"8-4.htm"，内容由读者自己添加。

使用行为和媒体

行为能够为网页增添许多动态效果，媒体可为网页增色添彩，本讲将介绍在网页中添加行为和媒体的基本方法。本讲课时为 3 小时。

学习目标

◆ 了解行为的基本概念。

◆ 掌握常用事件和动作。

◆ 掌握插入常用媒体的方法。

9.1 使用行为

使用行为可以允许浏览者与网页进行简单的交互，从而以多种方式修改页面或引发某些任务的执行。

9.1.1 功能讲解

行为是 Dreamweaver CS4 内置的脚本程序，下面介绍行为的基本知识。

一、基本概念

认识行为需要掌握以下几个基本概念。

- 行为：事件和动作的组合，因此行为的基本元素有两个：事件和动作。
- 事件：触发程序运行的原因，事件可附加到网页中的对象上，例如，当浏览者将鼠标指针移到一个链接上时，将会产生一个 "onMouseOver"（鼠标经过）事件。
- 动作：事件触发后要实现的效果，如打开浏览器窗口等。
- 对象：产生行为的主体，如文本、图像等，不同的事件为不同的对象所定义，例如，"onMouseOver"（鼠标经过）和 "onClick"（单击）是与链接相关的事件，"onLoad"（载入）是与图像和文档相关的事件。

二、添加行为

在添加行为时，首先应选中对象，然后选择【窗口】/【行为】命令打开【行为】面板，在

【行为】面板中单击 ➕ 按钮，在弹出的行为菜单中选择相应的动作，最后在【行为】面板中单击事件名右边的 ▼ 按钮，在弹出的下拉菜单中选择相应的触发动作的事件，如图 9-1 所示。

图9-1 【行为】面板

下面对【行为】面板的按钮进行简要说明。

- ➕ 按钮：单击该按钮，会弹出一个行为菜单，在菜单中选择相应的动作，就可以将其附加到当前选择的页面对象上。当从列表中选择了一个动作后，会出现一个对话框，在里面可以指定动作的参数。动作为灰色不可选时说明当前被选择的元素没有可以产生的事件。
- ➖ 按钮：单击该按钮，可在【行为】面板中删除所选的事件和动作。
- ▲ ▼ 按钮：单击该按钮组，可将被选的动作在【行为】面板中向上或向下移动。一个特定事件的动作将按照指定的顺序执行。对于不能在列表中被上移或下移的动作，该按钮组不起作用。
- ☰ （显示设置事件）按钮：列表中只显示当前正在编辑的事件名称。
- ☰ （显示所有事件）按钮：列表中显示当前文档中所有事件的名称。

三、常用事件

事件决定了动作的执行时间，下面对常用事件进行简要介绍，如表 9-1 所示。

表 9-1 常用事件

事件	说明
【onFocus】	当指定的元素成为访问者交互的中心时产生。例如，在一个文本区域中单击将产生一个【onFocus】事件
【onBlur】	【onFocus】事件的相反事件。产生该事件则当前指定元素不再是访问者交互的中心。例如，当访问者在文本区域内单击后再在文本区域外单击，浏览器将为这个文本区域产生一个【onBlur】事件
【onChange】	当访问者改变页面的参数时产生。例如，当访问者从菜单中选择一个命令或改变一个文本区域的参数值，然后在页面的其他地方单击时，会产生一个【OnChange】事件
【onClick】	当访问者单击指定的元素时产生。单击直到访问者释放鼠标按键时才完成，只要按下鼠标按键便会令某些现象发生
【onLoad】	当图像或页面结束载入时产生
【onUnload】	当访问者离开页面时产生
【onMouseMove】	当访问者指向一个特定元素并移动鼠标指针时产生（鼠标指针停留在元素的边界以内）
【onMouseDown】	当在特定元素上按下鼠标按键时产生该事件
【onMouseOut】	当鼠标指针从特定的元素（该特定元素通常是一个图像或一个附加于图像的链接）移走时产生。这个事件经常被用来和【恢复交换图像】（Swap Image Restore）动作关联，当访问者不再指向一个图像时，将它返回到其初始状态
【onMouseOver】	当鼠标指针首次指向特定元素时产生（鼠标指针从没有指向元素向指向元素移动），该特定元素通常是一个链接

事件	说明
【onSelect】	当访问者在一个文本区域内选择文本时产生
【onSubmit】	当访问者提交表格时产生

四、常用动作

Dreamweaver CS4 内置了许多行为动作，下面对这些行为动作的功能进行简要说明，如表 9-2 所示。

表 9-2　　　　　　　　　　　　　　　　　　行为动作

动作	说明
【交换图像】	发生设置的事件后，用其他图像来取代选定的图像
【弹出信息】	设置事件发生后，显示警告信息
【恢复交换图像】	用来恢复设置了交换图像，却又因某种原因而失去交换效果的图像
【打开浏览器窗口】	在新窗口中打开 URL，可以定制新窗口的大小
【拖动 AP 元素】	可让访问者拖曳绝对定位的（AP）元素。使用此行为可创建拼板游戏、滑块控件和其他可移动的界面元素
【改变属性】	使用此行为可更改对象某个属性的值
【效果】	这是从 Dreamweaver CS3 版本后增加的行为，Spry 效果是视觉增强功能，几乎可以将它们应用于使用 JavaScript 的 HTML 页面的所有元素上
【显示-隐藏元素】	可显示、隐藏或恢复一个或多个页面元素的默认可见性
【检查插件】	确认是否设有运行网页的插件
【检查表单】	能够检测用户填写的表单内容是否符合预先设定的规范
【设置导航栏图像】	制作由图像组成菜单的导航栏
【设置文本】	包括 4 个选项，各个选项的含义分别是：在选定的容器上显示指定的内容，在选定的框架上显示指定的内容，在文本字段区域显示指定的内容，在状态栏中显示指定的内容
【调用 JavaScript】	事件发生时，调用指定的 JavaScript 函数
【跳转菜单】	制作一次可以建立若干个链接的跳转菜单
【跳转菜单开始】	在跳转菜单中选定要移动的站点后，只有单击【开始】按钮才可以移动到链接的站点上
【转到 URL】	选定的事件发生时，可以跳转到指定的站点或者网页文档上
【预先载入图像】	为了在浏览器中快速显示图像，事先下载图像之后显示出来

下面对常用行为动作进行具体介绍。

（1）弹出信息。

【弹出信息】行为将弹出一个提示对话框。在文档中选择要触发行为的对象，如图像，然后从行为菜单中选择【弹出信息】命令，在弹出的【弹出信息】对话框中进行参数设置即可，如图 9-2 所示。

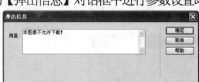

图9-2　设置弹出信息行为

在【行为】面板中将事件设置为【onMouseDown】，即鼠标按下时触发该事件，如图 9-3 所示。在浏览网页时，访问者可以在图像上单击鼠标右键，在弹出的快捷菜单中选择【图片另存为】命令，将网页中的图像下载到自己的计算机中。而当添加了这个行为动作以后，当访问者单击鼠标右键时，将显示提示框而不是快捷菜单，这样就限制了用户使用鼠标右键来下载图像，如图 9-4 所示。

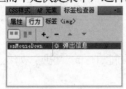

图9-3　设置【弹出信息】行为

图9-4　提示对话框

(2)　打开浏览器窗口。

使用【打开浏览器窗口】行为将打开一个新浏览器窗口来显示指定的网页文档。

在文档中选择触发行为的对象，如图像，然后从行为菜单中选择【打开浏览器窗口】命令即可打开【打开浏览器窗口】对话框，根据需要进行设置即可，如图 9-5 所示。在【行为】面板中将事件设置为"onClick"，当预览网页时，单击小图将打开一个大图像的新窗口，如图9-6 所示。

图9-5　【打开浏览器窗口】对话框

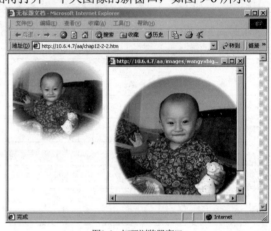

图9-6　打开浏览器窗口

此时可以看出，新的浏览器窗口没有多余的工具栏等，也不能改变尺寸大小，窗口的大小与图片正好吻合，这就是要达到的效果。

(3)　调用 JavaScript。

【调用 JavaScript】行为能够让设计者使用【行为】面板指定一个自定义功能，或者当一个事件发生时执行一段 JavaScript 代码。在文档中选择要触发行为的对象，如带有空链接的"关闭窗口"文本，然后从行为菜单中选择【调用 JavaScript】命令，弹出【调用 JavaScript】对话框，在文本框中输入要执行的 JavaScript 代码或函数名，如"window.close()"，用来关闭窗口，如图 9-7 所示。在【行为】面板中确认触发事件为【onClick】，预览网页，当单击"关闭窗口"超级链接文本时，就会弹出提示对话框，询问用户是否关闭窗口，如图 9-8 所示。

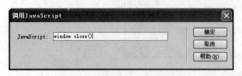

图9-7　【调用 JavaScript】对话框

图9-8　预览网页

(4) 改变属性。

【改变属性】行为用来改变网页元素的属性值，如文本的大小和字体、层的可见性、背景色、图片的来源以及表单的执行等。

例如，在文档中插入一个层，并在层中插入一幅名称为"pic"的图像，然后选中层并从【行为】菜单中选择【改变属性】命令，弹出【改变属性】对话框，根据需要进行参数设置，在【行为】面板中确认触发事件为【onMouseOver】，运用相同的方法再添加一个【onMouseOut】事件及相应的动作，如图9-9所示。

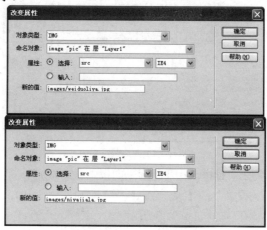

图9-9　【改变属性】对话框

预览网页，当鼠标指针经过图像时，图像就会变成另一幅图像，鼠标指针离开图像区域时恢复原图像，如图9-10所示。

图9-10　预览效果

(5) 交换图像。

【交换图像】行为可以将一个图像替换为另一个图像，这是通过改变图像的"src"属性来实现的。虽然也可以通过为图像添加【改变属性】行为来改变图像的"src"属性，不过【交换图像】行为更加复杂一些，可以使用这个行为来创建翻转的按钮及其他图像效果（包括同时替换多个图像）。

例如，在文档中插入一幅图像并命名，然后在【行为】面板中单击 + 按钮，从弹出的【行为】菜单中选择【交换图像】命令，弹出【交换图像】对话框。在【图像】列表框中选择要改变的图像，然后设置其【设定原始档为】选项，并勾选【预先载入图像】和【鼠标滑开时恢复图像】选项，如图9-11所示。

图9-11　【交换图像】对话框

单击 确定 按钮，关闭对话框，在【行为】面板中自动添加了 3 个行为：图像的【交换图像】和【恢复交换图像】行为及文档的【预先载入图像】行为，如图 9-12 所示。预览网页，当鼠标指针滑过图像时，图像会发生变化，如图 9-13 所示。

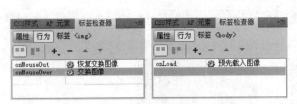

图9-12　在【行为】面板中自动添加了 3 个行为　　　　　　　图9-13　预览效果

(6)　Spry 效果。

"Spry 效果"是视觉增强功能，几乎可以将它们应用于使用 JavaScript 的 HTML 页面上的所有元素。要使某个元素应用效果，该元素必须处于当前选定状态，或者必须具有一个 ID。例如，如果要向当前未选定的 Div 标签应用高亮显示效果，该 Div 必须具有一个有效的 ID 值。如果该元素尚且没有有效的 ID 值，需要在 HTML 代码中添加一个。

利用该效果可以修改元素的不透明度、缩放比例、位置和样式属性（如背景颜色），也可以组合两个或多个属性来创建有趣的视觉效果。

由于这些效果都基于 Spry，因此，当用户单击应用了效果的对象时，只有对象会进行动态更新，不会刷新整个 HTML 页面。

在【行为】面板的下拉菜单中选择【效果】命令，其子命令如图 9-14 所示。

图9-14　【效果】命令的子命令

下面对【效果】命令的子命令进行简要说明。

- 【增大/收缩】：使元素变大或变小。
- 【挤压】：使元素从页面的左上角消失。
- 【显示/渐隐】：使元素显示或渐隐。
- 【晃动】：模拟从左向右晃动元素。
- 【滑动】：上下移动元素。
- 【遮帘】：模拟百叶窗，向上或向下滚动百叶窗来隐藏或显示元素。
- 【高亮颜色】：更改元素的背景颜色。

当使用效果时，系统会在【代码】视图中将不同的代码行添加到文件中。其中的一行代码用来标识"SpryEffects.js"文件，该文件是包括这些效果所必需的。不能从代码中删除该行，否则这些效果将不起作用。

9.1.2 范例解析——使用行为制作"翔翔写真"网页

首先将附盘"范例解析\素材\第 9 讲\9-1-2"文件夹下的内容复制到站点根文件夹下，然后使用行为制作"翔翔写真"网页，要求图像不允许下载，当鼠标指针指在图像上时，图像立即变为另一幅图像，当鼠标指针指在图像下面的文本上时，文本的颜色及背景颜色均发生变化，最终效果如图 9-15 所示。

图9-15 "翔翔写真"网页

这是使用行为制作网页效果的例子，涉及弹出信息、交换图像和改变属性等行为，具体操作步骤如下。

1. 新建一个网页文档并保存为"9-1-2.htm"，然后在【页面属性】对话框中将页面字体设置为"宋体"，大小设置为"12px"。

2. 在文档中插入一个 3 行 2 列的表格，宽度为"409 像素"，间距为"3"，填充和边框均为"0"，对齐方式为"居中对齐"，然后将第 1 行单元格进行合并，并设置单元格水平对齐方式为"居中对齐"，单元格背景颜色为"#FFCC00"。

3. 在单元格中输入文本"翔翔写真"，在 CSS【属性】面板中设置其字体为"黑体"，大小为"36 像素"，类样式名称为".biaoti"，如图 9-16 所示。

图9-16 设置标题属性

4. 设置第 2 行两个单元格的宽度均为 "200"，然后分别插入图像 "images/wyx01.jpg" 和 "images/wyx02.jpg"，在【属性】面板中设置其 ID 名称分别为 "pic_1" 和 "pic_2"。

5. 选中图像 "images/wyx01.jpg"，然后在【行为】面板中单击 **+** 按钮，在弹出的行为菜单中选择【弹出信息】命令，弹出【弹出信息】对话框，在【消息】文本框中输入文本 "禁止下载!"，如图 9-17 所示，单击 确定 按钮关闭对话框，在【行为】面板中单击事件名右边的 **∨** 按钮，在弹出的下拉菜单中选择事件【onMouseDown】。

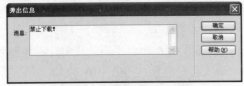

图9-17　设置【弹出信息】行为

6. 仍然选中图像 "images/wyx01.jpg"，然后给图像添加【交换图像】行为，如图 9-18 所示。

图9-18　添加【交换图像】行为

7. 运用相同的方法给图像 "images/wyx02.jpg" 添加【弹出信息】行为和【交换图像】行为，如图 9-19 所示。

图9-19　添加【弹出信息】行为和【交换图像】行为

8. 将第 3 行单元格的高度设置为 "20"，背景颜色设置为 "#FFFF99"，然后输入文本，如图 9-20 所示。

图9-20　输入文本

9. 将鼠标光标置于第 1 个单元格中，选择菜单命令【格式】/【对齐】/【居中对齐】，使文本居中对齐，然后单击文档窗口左下角的<div>选中 Div 标签，并在【属性】面板中将其 ID 名称设置为 "div_1"，如图 9-21 所示。

图9-21 设置 ID 名称

10. 在【CSS 样式】面板中为其创建 ID 名称 CSS 样式 "#div_1"，在【类型】分类中将行高设置为 "20px"，在【方框】分类中将宽度设置为 "200px"，高度设置为 "20px"，如图 9-22 所示。

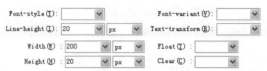

图9-22 创建 ID 名称 CSS 样式 "#div_1"

11. 运用相同的方法使第 2 个单元格中的文本居中对齐，并设置 Div 标签的 ID 名称为 "div_2"，然后为其创建 ID 名称 CSS 样式 "#div_2"，参数设置同 CSS 样式 "#div_1"。

12. 将鼠标光标置于第 1 个单元格内，然后在【行为】面板中单击 **+** 按钮，在弹出的行为菜单中选择【改变属性】命令，在弹出的【改变属性】对话框中进行参数设置，如图 9-23 所示。单击 确定 按钮关闭对话框，在【行为】面板中将事件设置为【onMouseOver】即鼠标经过 Div 时背景变为红色。

图9-23 改变背景颜色

13. 运用相同的方法再添加一个【onMouseOut】事件及相应的动作，使鼠标离开时恢复原来的背景颜色，如图 9-24 所示。

图9-24 恢复背景颜色

14. 运用相同的方法再添加一个【onMouseOver】事件及相应的动作，使鼠标经过 Div 时文本显示为白色，如图 9-25 所示。

图9-25 改变文本颜色

15. 运用相同的方法再添加一个【onMouseOut】事件及相应的动作，使鼠标离开时文本恢复原来的颜色，如图 9-26 所示。

图9-26　恢复文本颜色

16. 运用相同的方法给第 2 个单元格中的 Div 标签 "div_2" 添加与 "div_1" 相同的行为。

17. 保存文档。

9.1.3　课堂实训——使用行为完善 "十大名山" 网页功能

首先将附盘 "课堂实训\素材\第 9 讲\9-1-3" 文件夹下的内容复制到站点根文件夹下，然后使用行为完善 "十大名山" 网页功能，要求图像不允许下载，当鼠标指在图像上时在状态栏显示图像说明文字，最终效果如图 9-27 所示。

图9-27　"十大名山" 网页

这是使用行为完善网页功能的例子，涉及设置状态栏文本、弹出信息等行为。

【步骤提示】

1. 打开网页文档 "9-1-3.htm"。

2. 选中第 1 幅图像，在【行为】面板中单击 按钮，在弹出的下拉菜单中选择【弹出信息】命令，弹出【弹出信息】对话框，在【消息】文本框中输入 "只供欣赏，不许下载！"，如图 9-28 所示。

3. 单击 确定 按钮关闭对话框，然后在【行为】面板中将触发事件设置为【onMouseDown】，如图 9-29 所示。

图9-28　【弹出信息】对话框

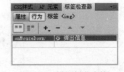

图9-29　设置触发事件

4. 在【行为】面板中继续单击 按钮，在弹出的下拉菜单中选择【设置文本】/【设置状态栏文本】命令，弹出【设置状态栏文本】对话框，在【消息】文本框中输入图像的说明文本，如图 9-30 所示。

5. 单击 确定 按钮关闭对话框，然后在【行为】面板中将触发事件设置为【onMouseOver】，如
   图 9-31 所示。

图9-30 【设置状态栏文本】对话框

图9-31 设置触发事件

6. 保存文件。

读者可以运用相同的方法依次给其他图像添加【弹出信息】和【设置状态栏文本】行为，上面
的操作不再进行重复操作。

9.2 使用媒体

媒体技术的发展使网页设计者能够轻松自如地在页面中加入声音、动画和影片等内容，使制作
的网页充满了乐趣，给访问者提供了更多的信息。在 Dreamweaver CS4 中，媒体的内容包括 SWF 动
画、FlashPaper、视频、Shockwave 影片、Applet 特效和 ActiveX 插件等。

9.2.1 功能讲解

下面介绍向网页中插入 SWF 动画和 ActiveX 插件的方法。

一、插入 SWF 动画

在 Dreamweaver CS4 中插入 SWF 动画的方法通常有以下 3 种。

- 选择菜单命令【插入】/【媒体】/【SWF】。
- 在【插入】/【常用】面板的媒体按钮组中，单击 媒体：SWF 按钮。
- 在【文件】面板中选中 SWF 动画文件，然后拖动到文档中。

插入 SWF 动画后，其【属性】面板如图 9-32 所示。

图9-32 【属性】面板

SWF 动画【属性】面板中的相关选项简要说明如下。

- 【FlashID】：为所插入的 SWF 动画文件命名，可以进行修改。
- 【宽】和【高】：用于定义 SWF 动画的显示尺寸。
- 【文件】：用于指定 SWF 动画文件的路径。
- 【循环】：勾选该选项，动画将在浏览器端循环播放。
- 【自动播放】：勾选该选项，SWF 动画在被浏览器载入时，将自动播放。
- 【垂直边距】和【水平边距】：用于定义 SWF 动画边框与该动画周围其他内容之间
  的距离，以像素为单位。
- 【品质】：用来设定 SWF 动画在浏览器中的播放质量。
- 【比例】：用来设定 SWF 动画的显示比例。

- 【对齐】: 设置 SWF 动画与周围内容的对齐方式。
- 【Wmode】: 设置 SWF 动画背景模式。
- 【背景颜色】: 用于设置当前 SWF 动画的背景颜色。
- ⬤编辑... : 单击该按钮，将在 Flash 软件中处理源文件，当然要确保有源文件 ".fla" 的存在，如果没有安装 Flash 软件，该按钮将不起作用。
- ▶ 播放 : 单击该按钮，将在设计视图中播放 SWF 动画。
- 参数... : 单击该按钮，将设置使 Flash 能够顺利运行的附加参数。

二、插入 ActiveX 插件

ActiveX 的主要作用是在不发布浏览器新版本的情况下扩展浏览器的能力。如果浏览器载入了一个网页，而这个网页中有浏览器不支持的 ActiveX 控件，浏览器会自动安装所需控件。WMV 和 RM 是网络常见的两种视频格式。其中，WMV 视频是 Windows 的视频格式，使用的播放器是 Windows Media Player。

在 WMV 视频的 ActiveX【属性】面板中，许多参数没有设置，便无法正常播放 WMV 格式的视频。这时需要做两项工作：一是添加"ClassID"，二是添加控制播放参数。对于控制播放参数，可以根据需要有选择地添加。其中，参数代码及其功能如下。

```
<!-- 播放完自动回至开始位置 -->
<param name="AutoRewind" value="true">
<!-- 设置视频文件 -->
<param name="FileName" value="images/shouxihu.wmv">
<!-- 显示控制条 -->
<param name="ShowControls" value="true">
<!-- 显示前进/后退控制 -->
<param name="ShowPositionControls" value="true">
<!-- 显示音频调节 -->
<param name="ShowAudioControls" value="false">
<!-- 显示播放条 -->
<param name="ShowTracker" value="true">
<!-- 显示播放列表 -->
<param name="ShowDisplay" value="false">
<!-- 显示状态栏 -->
<param name="ShowStatusBar" value="false">
<!-- 显示字幕 -->
<param name="ShowCaptioning" value="false">
<!-- 自动播放 -->
<param name="AutoStart" value="true">
<!-- 视频音量 -->
<param name="Volume" value="0">
<!-- 允许改变显示尺寸 -->
<param name="AllowChangeDisplaySize" value="true">
```

```
<!-- 允许显示右击菜单 -->
<param name="EnableContextMenu" value="true">
<!-- 禁止双击鼠标切换至全屏方式 -->
<param name="WindowlessVideo" value="false">
```

每个参数都有两种状态："true"或"false"。它们决定当前功能为"真"或为"假"，也可以使用"1"、"0"来代替"true"、"false"。

在代码"`<param name="FileName" value="images/shouxihu.wmv">`"中，"value"值用来设置视频的路径，如果视频在其他远程服务器，可以使用其绝对路径，如下所示。

```
value="mms://www.laohu.net/images/shouxihu.wmv"
```

MMS取代HTTP，专门用来播放流媒体，当然也可以设置如下。

```
value="http://www.laohu.net/images/shouxihu.wmv"
```

除了当前的WMV视频，此种方式还可以播放MPG、ASF等格式的视频，但不能播放RM、RMVB格式。播放RM格式的视频不能使用Windows Media Player播放器，必须使用RealPlayer播放器。设置方法是：在【属性】面板的【ClassID】下拉列表中选择"RealPlayer/clsid:CFCDAA03-8BE4-11cf-B84B-0020AFBBCCFA"，勾选【嵌入】选项，然后在【属性】面板中单击 参数... 按钮，打开【参数】对话框添加参数，最后设置【宽】和【高】为固定尺寸。

其中，参数代码及其功能如下。

```
<!-- 设置自动播放 -->
<param name="AUTOSTART" value="true">
<!-- 设置视频文件 -->
<param name="SRC" value="shouxihu.rm">
<!-- 设置视频窗口,控制条,状态条的显示状态 -->
<param name="CONTROLS" value="Imagewindow,ControlPanel,StatusBar">
<!-- 设置循环播放 -->
<param name="LOOP" value="true">
<!-- 设置循环次数 -->
<param name="NUMLOOP" value="2">
<!-- 设置居中 -->
<param name="CENTER" value="true">
<!-- 设置保持原始尺寸 -->
<param name="MAINTAINASPECT" value="true">
<!-- 设置背景颜色 -->
<param name="BACKGROUNDCOLOR" value="#000000">
```

对于RM格式的视频，使用绝对路径的格式稍有不同，下面是几种可用的形式。

```
<param name="FileName" value="rtsp://www.laohu.net/shouxihu.rm">
<param name="FileName" value="http://www.laohu.net/shouxihu.rm">
src="rtsp://www.laohu.net/shouxihu.rm"
src="http://www.laohu.net/shouxihu.rm"
```

在播放WMV视频时，可以不设置具体的尺寸，但是RM视频必要要设置一个具体的尺寸。

当然，这个尺寸可能不是视频的原始比例尺寸，可以通过将参数"MAINTAINASPECT"设置为"true"来恢复视频的原始比例尺寸。

9.2.2　范例解析——插入 WMV 视频

首先将附盘"范例解析\素材\第 9 讲\9-2-2"文件夹下的内容复制到站点根文件夹下，然后创建一个网页并插入 WMV 视频，播放效果如图 9-33 所示。

图9-33　插入 WMV 视频

这是使用 ActiveX 制作网页效果的例子，具体操作步骤如下。

1. 创建网页文档"9-2-2.htm"。
2. 将鼠标光标置于文档中，选择菜单命令【插入】/【媒体】/【ActiveX】，系统自动在文档中插入一个 ActiveX 占位符。
3. 确保 ActiveX 占位符处于选中状态，如果需要可以在【属性】面板中设置【宽】和【高】选项，然后在【ClassID】下拉列表中选择"CLSID:22D6f312-b0f6-11d0-94ab-0080c74c7e95"，如果没有需要自行添加，并按 Enter 键确认，同时勾选【嵌入】选项，如图 9-34 所示。

图9-34　设置【ClassID】选项

4. 在【属性】面板中单击 参数... 按钮，打开【参数】对话框，根据附盘文件"范例解析\素材\第 9 讲\9-2-2\WMV.txt"中的提示添加需要的参数，添加后的效果如图 9-35 所示。

图9-35　添加参数

5. 参数添加完毕后，单击 确定 按钮关闭【参数】对话框。
6. 保存文件，并按 F12 键预览。

9.2.3　课堂实训——插入 SWF 动画

首先将附盘"课堂实训\素材\第 9 讲\9-2-3"文件夹下的内容复制到站点根文件夹下，然后创建一个网页并插入 SWF 动画，播放效果如图 9-36 所示。

图9-36　插入 SWF 动画

这是插入 SWF 动画的例子，可以使用菜单命令【插入】/【媒体】/【SWF】进行操作。

【步骤提示】

1. 创建网页文档 "9-2-3.htm"。

2. 将光标置于文档中，然后选择【插入】/【媒体】/【SWF】命令，打开【选择文件】对话框，在对话框中选择要插入的 SWF 动画文件 "images/yx2008.swf"。

3. 单击 确定 按钮，将 SWF 动画插入到文档中。根据文件的尺寸大小，页面中会出现一个 Flash 占位符，如图 9-37 所示。

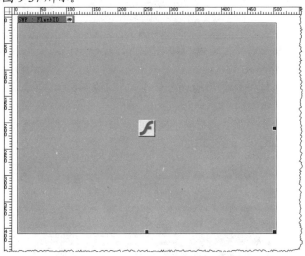

图9-37　插入 SWF 动画

4. 在【属性】面板中确保已勾选【循环】和【自动播放】选项，如图 9-38 所示。

图9-38　设置 SWF 动画属性

5. 在【属性】面板中单击 ▶ 播放 按钮，在页面中预览 SWF 动画效果，如图 9-39 所示。此时 ▶ 播放 按钮变为 ■ 停止 按钮。

图9-39　在页面中预览 SWF 动画

如果文档中包含两个以上的 SWF 动画，按下 Ctrl + Alt + Shift + P 组合键，所有的 SWF 动画都将进行播放。

6.　保存文件，此时可能会出现【复制相关文件】对话框，如图 9-40 所示，单击 确定 按钮加以确认。

图9-40　【复制相关文件】对话框

9.3　综合案例——完善"西湖十景"网页

首先将附盘"综合案例素材第 9 讲"文件夹下的所有内容复制到站点根文件夹下，然后使用行为和媒体完善网页，最终效果如图 9-41 所示。

图9-41　使用行为和媒体完善网页

这是使用行为和媒体完善网页的例子，可以先插入 SWF 动画，然后插入图像，并使用行为禁止图像下载，同时对图像应用 Spry 增大效果。

【操作步骤】

1. 打开网页文档"9-3.htm"。
2. 将鼠标光标置于正文第 3 段的开头，然后选择菜单命令【插入】/【媒体】/【SWF】，将 SWF 动画"images/fengjing.swf"插入到文档中。
3. 在【属性】面板中，设置图像的宽度和高度分别为"280"和"180"，垂直边距和水平分距分别为"5"和"20"，对齐方式为"左对齐"，如图 9-42 所示。

图9-42 设置 SWF 动画属性

4. 将鼠标光标置于正文第 5 段的开头，然后选择【插入】/【图像】命令，将图像"images/suti.jpg"插入到文档中。
5. 在【属性】面板中，设置图像 ID 为"suti"，替换文本为"苏堤"，垂直边距和水平分距分别为"5"和"20"，对齐方式为"左对齐"，如图 9-43 所示。

图9-43 图像【属性】面板

6. 选中图像，接着打开【行为】面板并单击 ➕ 按钮，在弹出的下拉菜单中选择【弹出信息】命令，弹出【弹出信息】对话框，在【消息】文本框中输入"图像不许下载!"，如图 9-44 所示。

图9-44 【弹出信息】对话框

7. 单击 确定 按钮关闭对话框，然后在【行为】面板中将触发事件设置为【onMouseDown】。
8. 继续单击 ➕ 按钮，在弹出的下拉菜单中选择【效果】/【增大/收缩】命令，弹出【增大/收缩】对话框，参数设置如图 9-45 所示。
9. 单击 确定 按钮关闭对话框，然后在【行为】面板中将触发事件设置为【onMouseOver】，如图 9-46 所示。

图9-45 【增大/收缩】对话框

图9-46 设置触发事件

10. 保存文件并在浏览器中预览其效果。

9.4 课后作业

将附盘"课后作业\第 9 讲\素材"文件夹下的内容复制到站点根文件夹下，然后根据步骤提示使用行为完善网页，如图 9-47 所示。

图9-47 使用行为完善网页

【步骤提示】

(1) 对第 1 幅图像应用【弹出信息】行为，使其不能被浏览者下载，提示信息为"对不起，此图不允许下载！"，触发事件为"onMouseDown"。

(2) 对第 1 幅图像应用【交换图像】行为，原始档为"images/bali_1.jpg"，要求预先载入图像，鼠标滑开时恢复图像。

(3) 对第 2 幅图像应用【效果】行为中的【显示/渐隐】行为，其中效果为"显示"，触发事件为"onMouseDown"。

使用表单

表单是制作交互式网页的基础，用户通过表单向服务器传送信息，服务器通过收集提交的表单信息而与用户交互，本讲将介绍创建表单和验证表单的基本方法。本讲课时为 3 小时。

学习目标

◆ 了解表单的基本概念。

◆ 掌握插入和设置表单对象的方法。

◆ 掌握使用行为验证表单的方法。

◆ 掌握插入和设置Spry验证表单对象的方法。

10.1 普通表单对象

表单在网页中最多的用途就是填写用户信息，填写信息的页面上包括许多表单对象，所有这些表单对象的组合，称之为表单。

10.1.1 功能讲解

下面介绍表单的基本知识。

一、认识表单

表单通常由两部分组成，一部分是描述表单元素的 HTML 源代码，另一部分是客户端处理用户所填信息的程序。使用表单时，可以对其进行定义使其与服务器端的表单处理程序相配合。在制作表单页面时，需要插入表单对象。插入表单对象通常有两种方法，一种是使用【插入】/【表单】子菜单中的相应命令，如图 10-1 所示，另一种是使用【插入】/【表单】面板中的相应工具按钮，如图 10-2 所示。

二、表单对象

下面介绍插入常用表单对象的方法，包括表单、文本域、文本区域、单选按钮、复选框、列表/菜单、跳转菜单、图像域、文件域、隐藏域、字段集、标签和按钮等。

图10-1 【表单】的菜单命令

图10-2 【表单】面板中的工具按钮

(1) 表单。

在页面中插入表单对象时，首先需要选择菜单命令【插入】/【表单】/【表单】，插入一个表单标签，然后再在标签中插入各种表单对象。当然，也可以直接插入表单对象，在首次插入表单对象时，将会提示是否插入表单标签，如图 10-3 所示。

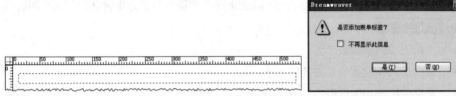

图10-3 插入表单标签

在【设计】视图中，表单的轮廓线以红色的虚线表示。如果看不到轮廓线，可以选择菜单命令【查看】/【可视化助理】/【不可见元素】显示轮廓线。

在文档窗口中，单击表单轮廓线将其选定，其【属性】面板如图 10-4 所示。

图10-4 表单的【属性】面板

表单【属性】面板中的各选项及参数简要说明如下。

- 【表单 ID】：用于设置能够标识该表单的惟一名称，命名表单后就可以使用脚本语言（如 JavaScript 或 VBScript）引用或控制该表单。如果不命名表单，Dreamweaver 将使用 form1、form2、form3 格式为表单命名。

- 【动作】：用于设置一个在服务器端处理表单数据的页面或脚本，也可以输入电子邮件地址。

- 【方法】：用于设置将表单内的数据传送给服务器的传送方式，其下拉列表中包括 3 个选项。

  【默认】是指用浏览器默认的传送方式，一般默认为 "GET"。【GET】是指将表单内的数据附加到 URL 后面传送给服务器，服务器用读取环境变量的方式读取表单内的数据，但当表单内容比较多时就不能用这种传送方式。【POST】是指用标准输入方式将表单内的数据传送给服务器，服务器用读取标准输入的方式读取表单内的数据，在理论上这种方式不限制表单的长度。如果要收集机密用户名和密码、信用卡号或其他机密信息，POST 方法比 GET 方法更安全。但是，由 POST 方法发送的信息是未经加密的，容易被黑客获取。若要确保安全性，请通过安全的链接与安全的服务器相连。

- 【目标】：用于指定一个窗口来显示应用程序或者脚本程序将表单处理完后所显示的结果。
- 【编码类型】：用于设置对提交给服务器进行处理的数据使用的编码类型，默认设置 "application/x-www-form-urlencoded" 常与【POST】方法协同使用。如果要创建文件上传域，请指定 "multipart/form-data" 类型。

(2) 文本域和文本区域。

文本域是可以输入文本内容的表单对象。在 Dreamweaver 中可以创建一个包含单行或多行的文本域，也可以创建一个隐藏用户输入文本的密码文本域。

选择菜单命令【插入】/【表单】/【文本域】，或在【插入】/【表单】面板中单击 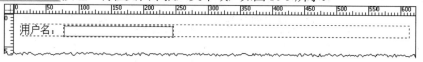 按钮，将在文档中插入文本域，如图 10-5 所示。

图10-5 插入文本域

如果在【首选参数】对话框的【辅助功能】分类中勾选了【表单对象】选项，在插入表单对象时将显示【输入标签辅助功能属性】对话框，如图 10-6 所示。该对话框将方便进一步设置表单对象的属性。如果在【输入标签辅助功能属性】对话框中单击 取消 按钮，表单对象也可以插入到文档中，但 Dreamweaver CS4 不会将它与辅助功能标签或属性相关联。如果在【首选参数】对话框的【辅助功能】分类中取消勾选【表单对象】选项，在插入表单对象时，将不会出现【输入标签辅助功能属性】对话框。

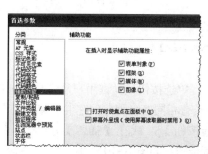

图10-6 表单辅助功能

单击并选中文本域，将显示其【属性】面板，如图 10-7 所示。

图10-7 文本域的【属性】面板

文本域【属性】面板中的各项参数简要说明如下。

- 【文本域】: 用于设置文本域的惟一名称。
- 【字符宽度】: 用于设置文本域的宽度。
- 【最多字符数】: 当文本域的【类型】选项设置为"单行"或"密码"时, 该属性用于设置最多可向文本域中输入的单行文本或密码的字符数。例如, 可以用这个属性限制密码最多为 10 位。
- 【类型】: 用于设置文本域的类型, 包括"单行"、"多行"和"密码" 3 个选项。当选择"密码"选项并向密码文本域输入密码时, 这种类型的文本内容显示为"*"号。当选择"多行"选项时, 文档中的文本域将会变为文本区域。此时文本域【属性】面板中的【字符宽度】选项指的是文本域的宽度, 默认值为 24 个字符, 新增加的【行数】默认值为"3"。
- 【初始值】: 用于设置文本域中默认状态下填入的信息。
- 【禁用】: 用于设置此选项是否可用, 勾选该项后文本域将处于不可用状态。
- 【只读】: 用于设置此选项是否只读, 勾选该项后文本域可以显示内容但不能更改。

选择菜单命令【插入】/【表单】/【文本区域】, 或在【插入】/【表单】面板中单击 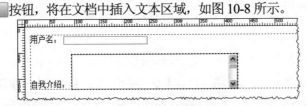 按钮, 将在文档中插入文本区域, 如图 10-8 所示。

图10-8　插入文本区域

单击并选中插入的表单对象, 将显示其【属性】面板, 如图 10-9 所示。在【属性】面板中, 通过设置【类型】为"单行"或"多行"可以实现文本域和文本区域之间的相互转换。【行数】选项用于设置文本区域的高度。

图10-9　文本区域的【属性】面板

(3)　单选按钮和单选按钮组。

单选按钮主要用于标记一个选项是否被选中, 单选按钮只允许用户从选项中选择惟一答案。单选按钮通常成组使用, 同组中的单选按钮必须具有相同的名称, 但它们的域值是不同的。

选择菜单命令【插入】/【表单】/【单选按钮】, 或在【插入】/【表单】面板中单击 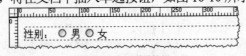 按钮, 将在文档中插入单选按钮, 如图 10-10 所示。

图10-10　插入单选按钮

单击并选中其中一个单选按钮, 将显示其【属性】面板, 如图 10-11 所示。在设置单选按钮属性时, 需要依次选中各个单选按钮, 分别进行设置。

图10-11 单选按钮的【属性】面板

单选按钮【属性】面板中的各项参数简要说明如下。

- 【单选按钮】：用于设置单选按钮的名称，所有同一组的单选按钮必须有相同的名字。
- 【选定值】：用于设置提交表单时单选按钮传送给服务端表单处理程序的值，同一组单选按钮应设置不同的值。
- 【初始状态】：用于设置单选按钮的初始状态是已被选中还是未被选中，同一组内的单选按钮只能有一个初始状态是"已勾选"。

单选按钮一般以两个或者两个以上的形式出现，它的作用是让用户在两个或者多个选项中选择一项。既然单选按钮的名称都是一样的，那么依靠什么来判断哪个按钮被选定呢？因为单选按钮具有惟一性，即多个单选按钮只能有一个被选定，所以【选定值】选项就是判断的惟一依据。每个单选按钮的【选定值】选项被设置为不同的数值，如性别"男"的单选按钮的【选定值】选项被设置为"1"，性别"女"的单选按钮的【选定值】选项被设置为"0"。

另外，在菜单栏中选择菜单命令【插入】/【表单】/【单选按钮组】，或在【插入】/【表单】面板中单击 单选按钮组 按钮，可以一次性在表单中插入多个单选按钮，如图 10-12 所示。在创建多个选项时，单选按钮组比单选按钮的操作更快捷。

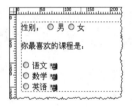

图10-12 插入单选按钮组

【单选按钮组】对话框中的各项参数简要说明如下。

- 【名称】：用于设置单选按钮组的名称。
- 【单选按钮】：单击⊞按钮向组内添加一个单选按钮项，同时可以指定标签文字和值；单击⊟按钮在组内删除选定的单选按钮项；单击▲按钮将选定的单选按钮项上移；单击▼按钮将选定的单选按钮项下移。
- 【布局，使用】：可以使用换行符（
标签）或表格来布局单选按钮。

(4) 复选框。

复选框常被用于有多个选项可以同时被选择的情况。每个复选框都是独立的，必须有一个惟一的名称。

选择菜单命令【插入】/【表单】/【复选框】，或在【插入】/【表单】面板中单击 复选框 按钮，将在文档中插入复选框，反复执行该操作将插入多个复选框，如图 10-13 所示。

单击并选中其中一个复选框，将显示其【属性】

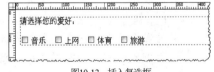

图10-13 插入复选框

面板，如图 10-14 所示。在设置复选框属性时，需要依次选中各个复选框，分别进行设置。

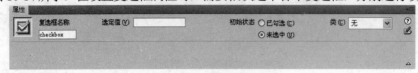

图10-14　复选框【属性】面板

复选框【属性】面板中的各项参数简要说明如下。

- 【复选框名称】：用来设置复选框名称。
- 【选定值】：用来判断复选框被选定与否，是提交表单时复选框传送给服务端表单处理程序的值。
- 【初始状态】：用来设置复选框的初始状态是"已勾选"还是"未选中"。

由于复选框在表单中一般都不单独出现，而是多个复选框同时使用，因此其【选定值】就显得格外重要。另外，复选框的名称最好与其说明性文字发生联系，这样在表单脚本程序的编制中将会节省许多时间和精力。由于复选框的名称不同，所以【选定值】可以取相同的值。

(5)　【列表/菜单】。

【列表/菜单】可以显示一个包含有多个选项的可滚动列表，在列表中可以选择需要的项目。当空间有限而又需要显示许多菜单项时，【列表/菜单】命令将会非常有用。

选择菜单命令【插入】/【表单】/【列表/菜单】，或在【插入】/【表单】面板中单击 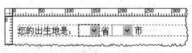 按钮，将在文档中插入列表或菜单，反复执行该操作将插入多个列表/菜单，如图 10-15 所示。

图10-15　插入列表/菜单

单击并选中其中的一个列表/菜单，将显示其【属性】面板，如图 10-16 所示。

图10-16　列表/菜单【属性】面板

列表/菜单【属性】面板中的各项参数简要说明如下。

- 【列表/菜单】：用于设置列表或菜单的名称。
- 【类型】：用于设置是下拉菜单还是滚动列表。

  当【类型】选项设置为"菜单"时，【高度】和【选定范围】选项为不可选，在【初始化时选定】列表框中只能选择 1 个初始选项，文档窗口的下拉菜单中只显示 1 个选择的条目，而不是显示整个条目表。

  将【类型】选项设置为"列表"时，【高度】和【选定范围】选项为可选状态。其中，【高度】选项用于设置列表框中文档的高度，设置为"1"表示在列表中显示 1 个选项。【选定范围】选项用于设置是否允许多项选择，勾选【允许多选】复选框表示允许，否则为不允许。

- 【列表值...】按钮：单击此按钮将打开【列表值】对话框，在这个对话框中可以增减和修改【列表/菜单】的内容。每项内容都有一个项目标签和一个值，标签将显示在浏览器中的列表/菜单中。当列表或者菜单中的某项内容被选中，提交表单时它对应的值就会被传送到服务器端的表单处理程序，若没有对应的值，则传送标签本身。

- 【初始化时选定】：文本列表框内首先显示"列表/菜单"的内容，然后可在其中设置"列表/菜单"的初始选项。单击欲作为初始选择的选项，若【类型】选项设置为"列表"，则可初始选择多个选项；若【类型】选项设置为"菜单"，则只能初始选择 1 个选项。

(6) 【跳转菜单】。

跳转菜单利用表单元素形成各种选项的列表。当选择列表中的某个选项时，浏览器会立即跳转到一个新网页。

选择菜单命令【插入】/【表单】/【跳转菜单】，或在【插入】/【表单】面板中单击 [📷 跳转菜单] 按钮，将打开【插入跳转菜单】对话框，然后进行参数设置，如图 10-17 所示。

图10-17 【插入跳转菜单】对话框

【插入跳转菜单】对话框中的各项参数简要说明如下。

- 【菜单项】：单击 ➕ 按钮添加一个菜单项，单击 ➖ 按钮删除一个菜单项，单击 🔼 按钮将选定的菜单项上移，单击 🔽 按钮将选定的菜单项下移。
- 【文本】：为菜单项输入在菜单列表中显示的文本。
- 【选择时，转到 URL】：设置要打开的 URL。
- 【打开 URL 于】：设置打开文件的位置，如果选择【主窗口】选项则在同一窗口中打开文件；如果选择【框架】选项则在所设置的框架中打开文件。
- 【菜单 ID】：设置菜单项的 ID。
- 【选项】：勾选【菜单之后插入前往按钮】复选框可以添加一个 [前往] 按钮，不用菜单选择提示；如果要使用菜单提示，则勾选【更改 URL 后选择第一个项目】复选框，效果如图 10-18 所示。

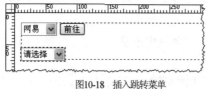

图10-18 插入跳转菜单

跳转菜单的外观和菜单相似，不同的是跳转菜单具有超级链接功能。但是一旦在文档中插入了跳转菜单，就无法再对其进行修改了。如果要修改，只能将菜单删除，然后再重新创建。这样做非常麻烦，而 Dreamweaver 所设置的【跳转菜单】行为，可以弥补这个缺陷，读者可参考第 12 讲有关【跳转菜单】行为的内容。

(7) 图像域。

图像域用于在表单中插入一幅图像，使该图像生成图形化按钮，从而代替标准按钮的工作。在网页中使用图像域要比单纯使用按钮丰富得多。

选择菜单命令【插入】/【表单】/【图像域】，或在【插入】/【表单】面板中单击 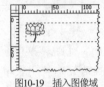 按钮，将打开【选择图像源文件】对话框，选择图像并单击 确定 按钮，一个图像域随即出现在表单中，如图 10-19 所示。

图10-19　插入图像域

单击并选中图像域，将显示其【属性】面板，如图 10-20 所示。

图10-20　图像域的【属性】面板

图像域【属性】面板中的各项参数简要说明如下。

- 【图像区域】：用于设置图像域名称。
- 【源文件】：指定要为图像域使用的图像文件。
- 【替换】：指定替换文本，当浏览器不能显示图像时，将显示该文本。
- 【对齐】：设置对象的对齐方式。
- 编辑图像 ：单击将打开默认的图像编辑软件对该图像进行编辑。

(8) 文件域。

文件域的作用是使用户可以浏览并选择本地计算机上的某个文件，以便将该文件作为表单数据进行上传。当然，真正上传文件还需要相应的上传组件才能进行，文件域仅仅是起供用户浏览并选择计算机上文件的作用，并不起上传的作用。文件域实际上比文本域只多一个 浏览… 按钮。

选择菜单命令【插入】/【表单】/【文件域】，或在【插入】/【表单】面板中单击 文件域 按钮，将插入一个文件域，如图 10-21 所示。

单击并选中文件域，将显示其【属性】面板，如图 10-22 所示。

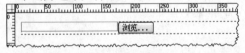

图10-21　插入文件域

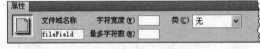

图10-22　文件域【属性】面板

文件域【属性】面板中的各项参数简要说明如下。

- 【文件域名称】：用于设置文件域的名称。
- 【字符宽度】：用于设置文件域的宽度。
- 【最多字符数】：用于设置文件域中最多可以容纳的字符数。

(9) 隐藏域。

隐藏域主要用来储存并提交非用户输入信息，如注册时间、认证号等，这些都需要使用JavaScript、ASP 等源代码来编写，隐藏域在网页中一般不显现。

选择菜单命令【插入】/【表单】/【隐藏域】，或在【插入】/【表单】面板中单击 隐藏域 按钮，将插入一个隐藏域，如图 10-23 所示。

单击选中隐藏域，将显示其【属性】面板，如图 10-24 所示。

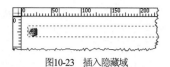

图10-23 插入隐藏域   图10-24 隐藏域的【属性】面板

【隐藏区域】文本框主要用来设置隐藏域的名称，【值】文本框内通常是一段 ASP 代码，如 "<% =Date() %>"，其中 "<%...%>" 是 ASP 代码的开始、结束标志，而 "Date()" 表示当前的系统日期（如，2008-12-20），如果换成 "Now()" 则表示当前的系统日期和时间（如，2008-12-20 10:16:44），而 "Time()" 则表示当前的系统时间（如，10:16:44）。

(10) 字段集。

使用字段集可以在页面中显示一个圆角矩形框，将一些内容相关的表单对象放在一起。可以先插入字段集，然后再在其中插入表单对象。也可以先插入表单对象，然后将它们选择再插入字段集。

选择菜单命令【插入】/【表单】/【字段集】，或在【插入】/【表单】面板中单击 ⬜ 字段集 按钮，将打开【字段集】对话框，在【标签】文本框中输入标签名称，然后单击 确定 按钮插入一个字段集，如图 10-25 所示。

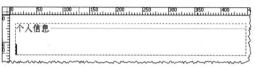

图10-25 插入字段集

在浏览器中预览其效果，如图 10-26 所示。

图10-26 预览效果

(11) 标签。

使用标签可以向源代码中插入一对 HTML 标签 "<label></label>"。其作用与在【输入标签辅助功能属性】对话框的【样式】选项中选择【用标签标记环绕】单选按钮的用途是一样的。

选择菜单命令【插入】/【表单】/【标签】，或在【插入】/【表单】面板中单击 abc 标签 按钮，即可插入一个标签，如图 10-27 所示。

(12) 按钮。

按钮对于表单来说是必不可少的，它可以控制表单的操作。使用按钮可以将表单数据提交到服务器，或者重置该表单。

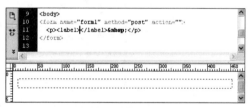

图10-27 插入标签

选择菜单命令【插入】/【表单】/【按钮】，或在【插入】/【表单】面板中单击 ⬜ 按钮 按钮，将插入一个按钮，如图 10-28 所示。

单击并选中按钮，将显示其【属性】面板，如图 10-29 所示。

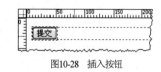

图10-28 插入按钮

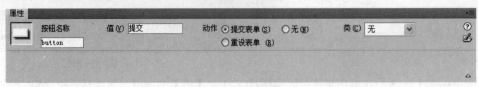

图10-29 按钮的【属性】面板

按钮【属性】面板中的各项参数简要说明如下。

- **【按钮名称】**：用于设置按钮的名称。
- **【值】**：用于设置按钮上的文字，一般为"确定"、"提交"或"注册"等。
- **【动作】**：用于设置单击该按钮后运行的程序，有以下3个选项。

　【提交表单】：表示单击该按钮后，将表单中的数据提交给表单处理应用程序。同时，Dreamweaver 自动将此按钮的名称设置为"提交"。

　【重设表单】：表示单击该按钮后，表单中的数据将分别恢复到初始值。此时，Dreamweaver 会自动将此按钮的名称设置为"重置"。

　【无】：表示单击该按钮后，表单中的数据既不提交也不重设。

三、验证表单

表单在提交到服务器端以前必须进行验证，以确保输入数据的合法性。使用【检查表单】行为可以检查指定文本域的内容，以确保用户输入了正确的数据类型。使用【onBlur】事件将此行为分别添加到各个文本域，在用户填写表单时对域进行检查。使用【onSubmit】事件将此行为添加到表单，在用户提交表单的同时对多个文本域进行检查以确保数据的有效性。

如果用户填写表单时需要分别检查各个域，在设置时需要分别选择各个域，然后在【行为】面板中单击 ➕ 按钮，在弹出的菜单中选择【检查表单】命令。如果用户在提交表单时检查多个域，需要先选中整个表单，然后在【行为】面板中单击 ➕ 按钮，在弹出的菜单中选择【检查表单】命令，打开【检查表单】对话框进行参数设置，如图10-30所示。

图10-30 【检查表单】对话框

【检查表单】对话框中的各项参数简要说明如下。

- **【域】**：列出表单中所有的文本域和文本区域供选择。
- **【值】**：如果勾选【必需的】复选框，表示【域】文本框中必须输入内容，不能为空。
- **【可接受】**：包括4个单选按钮，其中"任何东西"表示输入的内容不受限制；"电子邮件地址"表示仅接受电子邮件地址格式的内容；"数字"表示仅接受数字；"数字从…到…"表示仅接受指定范围内的数字。

在设置了【检查表单】行为后，当表单被提交时（"onSubmit"大小写不能随意更改），验证程序会自动启动，必填项如果为空则发生警告，提示用户重新填写，如果不为空则提交表单。

在实际操作中经常需要输入密码，而且通常是输入两次，那么如何验证两次输入的密码相同呢？验证密码无法使用【检查表单】行为，但可以自己编写代码进行验证。

在表单中右键单击具有"提交"功能的按钮，在弹出的快捷菜单中选择【编辑标签〔E〕<input>】命令，打开【标签编辑器－input】对话框，如图 10-31 所示。

图10-31 【标签编辑器-input】对话框

在对话框中选中"onClick"事件，在右侧的文本框中输入如图 10-32 所示的代码，然后单击 确定 按钮完成设置并保存网页。预览网页，当两次输入的密码不相同，单击【提交】按钮会自动弹出信息提示框，如图 10-33 所示，单击 确定 按钮表单不提交任何内容，并返回到密码域中。

```
if(PassWord1.value != PassWord2.value)
{
alert('两次输入的密码不相同');
PassWord1.focus();
return false;
}
```

图10-32 输入代码

图10-33 提示框

有时还会遇到密码限定输入范围的情况，如"密码长度不能少于 6 位，多于 10 位"，那么如何验证呢？可以在上面原有代码的基础上接着添加如图 10-34 所示的代码，保存网页后再次预览网页，两次输入相同的 3 位密码，也会弹出提示框，如图 10-35 所示。

```
else if(PassWord1.value.length<6 || PassWord1.value.length>10)
{
    alert('密码长度不能少于6位，多于10位！ ');
PassWord1.focus();
return false;
}
```

图10-34 添加代码

图10-35 提示框

验证表单的内容介绍完了，请读者多加练习。

10.1.2 范例解析——制作"用户注册"网页

首先将附盘"范例解析\素材\第 10 讲\10-1-2"文件夹下的内容复制到站点根文件夹下，然后制作表单网页并进行表单验证，最终效果如图 10-36 所示。

这是创建表单网页的例子，可以先插入表单对象，然后再使用行为进行验证，密码可以编写代码进行验证，具体操作步骤如下。

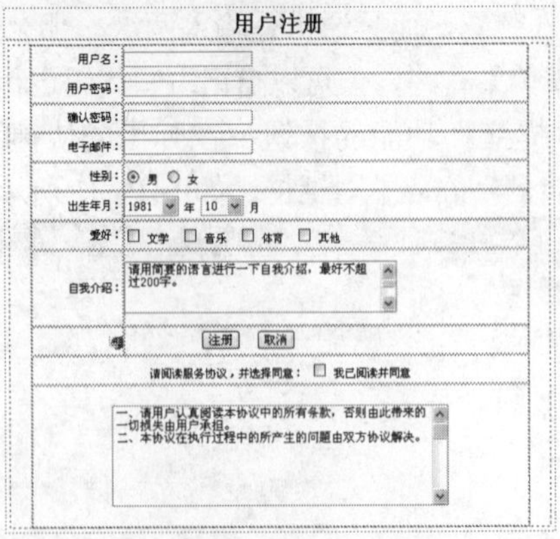

图10-36　制作"用户注册"网页

1. 打开网页文档"10-1-2.htm"，然后将鼠标光标置于第 2 行单元格中，选择菜单命令【插入】/【表单】/【表单】，插入一个表单，如图 10-37 所示。

用户注册

图10-37　插入表单

2. 打开网页文档"10-1-2a.htm"，将其中的表格及其内容复制粘贴到网页文档"10-1-2.htm"的表单中，如图 10-38 所示。

图10-38　复制粘贴表格

3. 将鼠标光标置于"用户名:"右侧单元格中，选择菜单命令【插入】/【表单】/【文本域】插入一个文本域，然后在【属性】面板中设置各项属性，如图 10-39 所示。

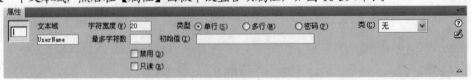

图10-39　文本域【属性】面板

4. 分别在"用户密码:"和"确认密码:"后面的单元格中插入"密码"类型的文本域，如图 10-40 所示。

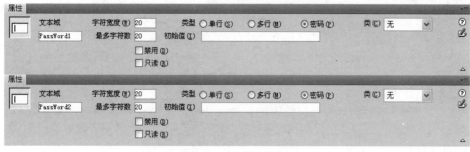

图10-40　添加密码文本域

5. 在"电子邮件:"后面的单元格中插入文本域，属性设置如图 10-41 所示。

图10-41　电子邮件文本域属性

6. 将鼠标光标置于"性别:"后面的单元格内，然后选择菜单命令【插入】/【表单】/【单选按钮】，插入两个单选按钮，在【属性】面板中设置其属性参数，并分别在两个单选按钮的后面输入文本"男"和"女"，如图 10-42 所示。

图10-42　插入单选按钮

7. 将鼠标光标置于"出生年月:"后面的单元格内，然后选择菜单命令【插入】/【表单】/【列表/菜单】，插入两个【列表/菜单】域，分别代表"年"、"月"，如图 10-43 所示。

图10-43　插入【列表/菜单】域

8. 选定代表"年"的表单域，在【属性】面板中单击 列表值... 按钮，打开【列表值】对话框，添加【项目标签】和【值】，如图 10-44 所示。

图10-44　添加【列表/菜单】的内容

9. 在【属性】面板中将名称设置为"dateyear"，如果有必要还可以设置初始化选项，这里不进行设置，如图 10-45 所示。

图10-45　列表/菜单域【属性】面板

10. 按照相同方法设置代表 "月" 的菜单域，其中 "月" 的列表值从 "1" 到 "12"，如图 10-46 所示。

图10-46　设置代表 "月" 的菜单域

11. 将鼠标光标置于 "爱好:" 后面的单元格内，然后选择菜单命令【插入】/【表单】/【复选框】插入 4 个复选框，参数设置如图 10-47 所示。

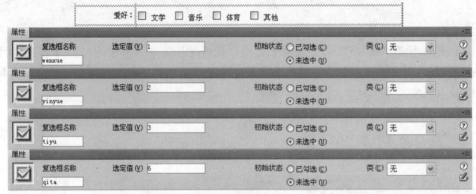

图10-47　添加复选框

12. 将鼠标光标置于 "自我介绍:" 后面的单元格内，然后选择菜单命令【插入】/【表单】/【文本区域】插入一个文本区域，如图 10-48 所示。

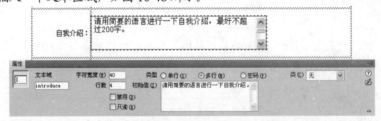

图10-48　插入文本区域

13. 将鼠标光标置于 "自我介绍:" 下面的单元格内，然后选择菜单命令【插入】/【表单】/【隐藏域】，插入一个隐藏域来记录用户的注册时间，在【属性】面板中设置其属性参数，如图 10-49 所示。

图10-49　设置隐藏域的属性

14. 将鼠标光标置于 "自我介绍:" 下面的第 2 个单元格内，然后选择菜单命令【插入】/【表单】/【按钮】插入两个按钮，并在【属性】面板中设置其属性参数，如图 10-50 所示。

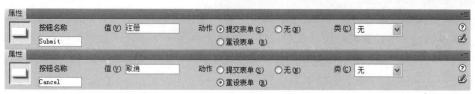

图10-50 插入按钮

15. 在"请阅读服务协议，并选择同意："的后面插入一个复选框，属性设置如图 10-51 所示。

图10-51 复选框属性设置

16. 在"请阅读服务协议，并选择同意："下面的单元格内插入一个文本区域，属性设置如图 10-52 所示。

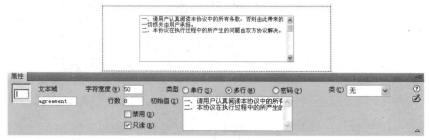

图10-52 设置文本区域的属性

17. 将鼠标光标置于表单内，单击左下方的"<form>"标签选中整个表单，可以在【属性】面板中设置表单属性，如图 10-53 所示。

图10-53 表单属性

18. 仍选中整个表单，接着选择【窗口】/【行为】命令打开【行为】面板，单击 ➕ 按钮，在弹出的菜单中选择【检查表单】命令打开【检查表单】对话框，如图 10-54 所示。

19. 将"UserName"、"E-mail"、"PassWord1"、"PassWord2"的【值】设置为【必需的】，其中"E-mail"的【可接受】选项设置为"电子邮件地址"，其他 3 个【可接受】选项设置为"任何东西"，并将"introduce"的【可接受】选项设置为"任何东西"，然后单击 确定 按钮完成设置。

20. 在【行为】面板中检查默认事件是否是"onSubmit"，如图 10-55 所示。

图10-54 【检查表单】对话框

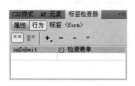

图10-55 设置事件

21. 在表单中鼠标右键单击 注册 按钮，在弹出的菜单中选择【编辑标签〔E〕<input>】命令，打开【标签编辑器 – input】对话框，在对话框中选中 "onClick" 事件，在右侧的文本框中输入图 10-56 所示代码，然后单击 确定 按钮完成设置。

```
if(PassWord1.value != PassWord2.value)
{
alert('两次输入的密码不相同');
PassWord1.focus();
return false;
}
else if(PassWord1.value.length<6 || PassWord1.value.length>10)
{
    alert('密码长度不能少于6位，多于10位！');
    PassWord1.focus();
    return false;
}
```

图10-56　输入代码

22. 保存网页。

10.1.3 课堂实训——制作 "注册邮箱申请单" 网页

首先将附盘 "课堂实训\素材\第 10 讲\10-1-3" 文件夹下的内容复制到站点根文件夹下，然后制作表单网页并进行表单验证，最终效果如图 10-57 所示。

图10-57　制作 "注册邮箱申请单" 网页

这是创建表单网页的例子，可以先插入表单对象，然后再使用行为进行验证，密码可以编写代码进行验证。

【步骤提示】

1. 打开网页文档 "10-1-3.htm"，然后在 "用户名:" 后面的单元格中插入单行文本域，名称为 "username"，字符宽度为 "20"。

2. 在 "登录密码:" 和 "重复登录密码:" 后面的单元格中分别插入密码文本域，名称分别为 "passw" 和 "passw2"，字符宽度均为 "20"。

3. 在 "密码保护问题:" 后面的单元格中插入菜单域，名称为 "question"，并在【列表值】对话框中添加项目标签和值，如图 10-58 所示。

4. 在 "您的答案:" 后面的单元格中插入单行文本域，名称为 "answer"，字符宽度为 "20"。

5. 在 "出生年份:" 后面的单元格中插入菜单域，名称为 "birthyear"，并在【列表值】对话框中添加项目标签和值，如图 10-59 所示。

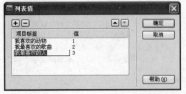

图10-58　添加问题

图10-59　添加年份

6. 在"性别:"后面的单元格中插入两个单选按钮,名称均为"sex",选定值分别为"1"和"2",初始状态分别为"已勾选"和"未选中"。

7. 在"已有邮箱:"后面的单元格中插入单行文本域,名称为"email",字符宽度为"30",初始值为"@"。

8. 在"我已看过并同意服务条款:"后面的单元格中插入一个复选框,名称为"tongyi",选定值为"y",初始状态为"未选中"。

9. 在最后一个单元格中插入一个按钮,名称为"Submit",值为"注册邮箱",动作为"提交表单"。

10. 使用【检查表单】行为对表单进行验证,要求用户名、密码和问题答案不能为空,邮箱地址必须符合"电子邮件地址"格式。

11. 最后保存文件。

10.2　**Spry 验证表单对象**

在制作表单页面时,为了确保采集信息的有效性,往往会要求在网页中实现表单数据验证的功能。Dreamweaver CS4 中的 Spry 框架提供了 7 个验证表单构件:Spry 验证文本域、Spry 验证文本区域、Spry 验证复选框、Spry 验证选择、Spry 验证密码、Spry 验证确认和 Spry 验证单选按钮组。

10.2.1 功能讲解

Spry 验证表单对象与 10.1 节介绍的普通表单对象有什么区别?最简单的区别就是,Spry 验证表单对象是在普通表单的基础上添加了验证功能,读者可以通过 Spry 验证表单对象的【属性】面板进行验证方式的设置。这就意味着 Spry 验证表单对象的【属性】面板是设置验证方面的内容的,不涉及具体表单对象的属性设置。如果要设置具体表单对象的属性,仍然需要按照 10.1 节介绍的方法进行操作。

一、Spry 验证文本域

Spry 验证文本域构件是一个文本域,该域用于在站点浏览者输入文本时显示文本的状态(有效或无效)。例如,可以向浏览者键入电子邮件地址的表单中添加验证文本域构件。如果访问者没有在电子邮件地址中键入"@"符号和句点,验证文本域构件会返回一条消息,声明用户输入的信息无效。

选择菜单命令【插入】/【表单】/【Spry 验证文本域】,或在【插入】/【表单】面板中单击

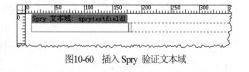

图10-60　插入 Spry 验证文本域

Spry 验证文本域 按钮,将在文档中插入 Spry 验证文本域,如图 10-60 所示。

单击【Spry 文本域:sprytextfield1】,选中 Spry 验证文本域,其【属性】面板如图 10-61 所示。

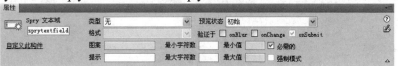

图10-61　Spry 验证文本域

Spry 验证文本域【属性】面板中的常用参数简要说明如下。

- 【Spry 文本域】：用于设置 Spry 验证文本域的名称。
- 【类型】：用于设置验证类型和格式，在其下拉列表中共包括 14 种类型，如图 10-62 所示。

图10-62　验证类型

- 【格式】：当在【类型】下拉列表中选择【日期】、【时间】、【信用卡】、【邮政编码】、【电话号码】、【社会安全号码】、【货币】或【IP 地址】时，该项可用，并根据各个选项的特点提供不同的格式设置。
- 【预览状态】：验证文本域构件具有许多状态，可以根据所需的验证结果，通过【属性】面板来修改这些状态。
- 【验证于】：用于设置验证发生的时间，包括浏览者在文本域外部单击（onBlur）、更改文本域中的文本时（onChange）或尝试提交表单时（onSubmit）。
- 【最小字符数】和【最大字符数】：当在【类型】下拉列表中选择【无】、【整数】、【电子邮件地址】或【URL】时，还可以指定最小字符数和最大字符数。
- 【最小值】和【最大值】：当在【类型】下拉列表中选择【整数】、【时间】、【货币】或【实数/科学记数法】时，还可以指定最小值和最大值。
- 【必需的】：用于设置 Spry 验证文本域不能为空，必须输入内容。
- 【强制模式】：用于禁止用户在验证文本域中输入无效内容。例如，如果对【类型】为"整数"的构件集选择此项，那么，当用户输入字母时，文本域中将不显示任何内容。
- 【提示】：设置在文本域中显示的提示内容，当鼠标单击文本域时提示内容消失，可以直接输入需要的内容。

当保存具有 Spry 验证文本域的文档时，将弹出【复制相关文件】对话框，如图 10-63 所示，单击 确定 按钮即可。

图10-63　【复制相关文件】对话框

二、Spry 验证文本区域

Spry 验证文本区域构件是一个文本区域，该区域在用户输入几个文本句子时显示文本的状态（有效或无效）。如果文本区域是必填域，而用户没有输入任何文本，该构件将返回一条消息，声明必须输入值。

选择菜单命令【插入】/【表单】/【Spry 验证文本区域】，或在【插入】/【表单】面板中单击 Spry 验证文本区域 按钮，将在文档中插入 Spry 验证文本区域，如图 10-64 所示。

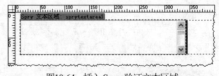

图10-64　插入 Spry 验证文本区域

单击【Spry 文本区域：sprytextarea1】选中 Spry 验证文本区域，其【属性】面板如图 10-65 所示。

图10-65　Spry 验证文本区域【属性】面板

Spry 验证文本区域的属性设置与 Spry 验证文本域非常相似，读者可参考其相关内容。另外，可以添加字符计数器，以便当用户在文本区域中输入文本时知道自己已经输入了多少字符或者还剩多少字符。默认情况下，当添加字符计数器时，计数器会出现在构件右下角的外部。

三、Spry 验证复选框

Spry 验证复选框构件是 HTML 表单中的一个或一组复选框，该复选框在用户选择（或没有选择）复选框时会显示构件的状态（有效或无效）。例如，可以向表单中添加验证复选框构件，该表单可能会要求用户进行 3 项选择。如果用户没有进行所有这 3 项选择，该构件会返回一条消息，声明不符合最小选择数要求。

选择菜单命令【插入】/【表单】/【Spry 验证复选框】，或在【插入】/【表单】面板中单击  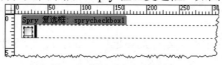 按钮，将在文档中插入 Spry 验证复选框，如图 10-66 所示。

图10-66　插入 Spry 验证复选框

单击【Spry 复选框：sprycheckbox1】选中 Spry 验证复选框，其【属性】面板如图 10-67 所示。

图10-67　Spry 验证复选框【属性】面板

默认情况下，Spry 验证复选框设置为"必需（单个）"。但是，如果在页面上插入了多个复选框，则可以指定选择范围，即设置为"实施范围（多个）"，然后设置【最小选择数】和【最大选择数】参数。

四、Spry 验证选择

Spry 验证选择构件是一个下拉菜单，该菜单在用户进行选择时会显示构件的状态（有效或无效）。例如，可以插入一个包含状态列表的验证选择构件，这些状态按不同的部分组合并用水平线分隔。如果用户意外选择了某条分界线（而不是某个状态），验证选择构件会向用户返回一条消息，声明他们的选择无效。

选择菜单命令【插入】/【表单】/【Spry 验证选择】，或在【插入】/【表单】面板中单击  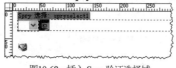 按钮，将在文档中插入 Spry 验证选择域，如图 10-68 所示。

图10-68　插入 Spry 验证选择域

Dreamweaver 不会添加这个构件相应的菜单项和值，如果要添加菜单项和值，必须选中构件中的菜单域，在列表/菜单【属性】面板中进行设置，如图 10-69 所示。

图10-69　在列表/菜单【属性】面板中添加菜单项和值

单击【Spry 选择：spryselect1】选中 Spry 验证选择域，其【属性】面板如图 10-70 所示。

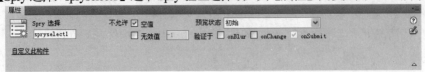

图10-70　Spry 验证选择域【属性】面板

【不允许】选项组包括【空值】和【无效值】两个复选框。如果勾选【空值】复选框，表示所有菜单项都必须有值；如果勾选【无效值】复选框，可以在其后面的文本框中指定一个值，当用户选择与该值相关的菜单项时，该值将注册为无效。例如，如果指定"-1"是无效值（即勾选【无效值】复选框，并在其后面的文本框中输入"-1"），并将该值赋给某个选项标签，则当用户选择该菜单项时，将返回一条错误的消息。

五、Spry 验证密码

Spry 验证密码构件是一个密码文本域，该域用于在站点浏览者输入密码文本时显示文本的状态。选择菜单命令【插入】/【表单】/【Spry 验证选择】，或在【插入】/【表单】面板中单击 Spry 验证密码　按钮，将在文档中插入 Spry 验证密码域，如图 10-71 所示。

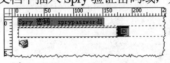

图10-71　插入 Spry 验证密码文本域

单击【Spry 密码：sprypassword1】选中 Spry 验证密码域，其【属性】面板如图 10-72 所示。

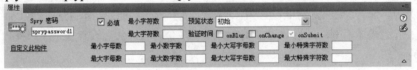

图10-72　Spry 验证密码【属性】面板

通过【属性】面板，可以设置在 Spry 验证密码文本域中，允许输入的最大字符数和最小字符数，同时可以定义字母、数字、大写字母以及特殊字符的数量范围。

六、Spry 验证确认

Spry 验证确认构件是一个验证密码文本域，该域用于在站点浏览者输入确认密码时显示文本的状态。选择菜单命令【插入】/【表单】/【Spry 验证确认】，或在【插入】/【表单】面板中单击 Spry 验证确认　按钮，将在文档中插入 Spry 验证确认密码域，如图 10-73 所示。

图10-73　插入 Spry 验证确认密码文本域

单击【Spry 确认：spryconfirm1】选中 Spry 验证确认密码域，其【属性】面板如图 10-74 所示。

图10-74　Spry 验证确认【属性】面板

【验证参照对象】通常是指表单内前一个密码文本域，只有两个文本域内的文本完全相同，才能通过验证。

七、Spry 验证单选按钮组

Spry 验证单选按钮组构件是一个单选按钮组，该单选按钮组在用户进行单击时会显示构件的状态。选择菜单命令【插入】/【表单】/【Spry 验证单选按钮组】，或在【插入】/【表单】面板中单击 Spry 验证单选按钮组 按钮，将在文档中插入 Spry 验证单选按钮组，如图 10-75 所示。

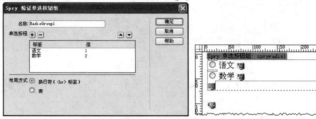

图10-75 插入 Spry 验证单选按钮组

单击【Spry 单选按钮组：spryradio1】选中 Spry 验证单选按钮组，其【属性】面板如图 10-76 所示。

图10-76 Spry 验证单选按钮组【属性】面板

通过【属性】面板可以设置单选按钮是不是必须选择，即【必填】项，如果必须，还可以设置单选按钮组中哪一个是空值，哪一个是无效值，只需将相应单选按钮的值填入到【空值】或【无效值】文本框中即可。

10.2.2 范例解析——制作"注册通行证"表单网页

首先将附盘"范例解析\素材\第 10 讲\10-2-2"文件夹下的内容复制到站点根文件夹下，然后使用 Spry 验证表单对象制作表单网页，最终效果如图 10-77 所示。

图10-77 制作"注册通行证"表单网页

这是创建表单网页的例子，可以直接插入 Spry 验证表单对象，并进行属性设置，具体操作步骤如下。

1. 打开网页文档"10-2-2.htm"，将鼠标光标置于"用户账号:"右侧单元格中，选择菜单命令【插入】/【表单】/【Spry 验证文本域】，插入一个 Spry 验证文本域，然后在【属性】面板中设置各项属性，如图 10-78 所示。

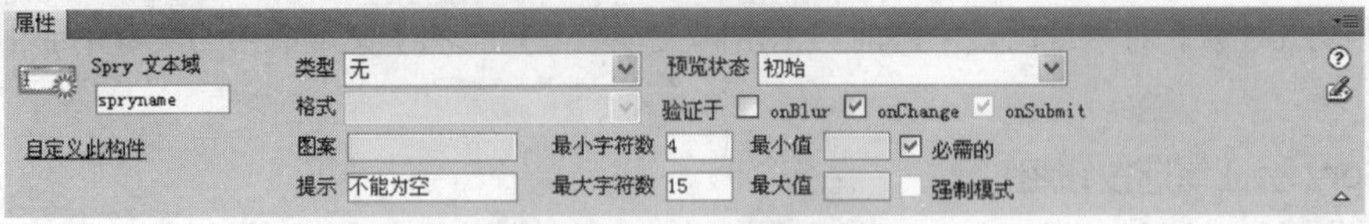

图10-78　Spry 文本域【属性】面板

2. 选中其中的文本域，然后在【属性】面板中设置其属性，如图 10-79 所示。

图10-79　文本域【属性】面板

3. 选择菜单命令【插入】/【表单】/【Spry 验证密码】，在"密码:"后面的单元格中插入 Spry 验证密码域，属性设置如图 10-80 所示。

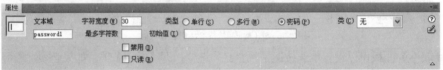

图10-80　Spry 验证密码【属性】面板

4. 选中其中的密码文本域，然后在【属性】面板中设置其属性，如图 10-81 所示。

图10-81　密码文本域【属性】面板

5. 选择菜单命令【插入】/【表单】/【Spry 验证确认】，在"密码确认:"后面的单元格中插入 Spry 验证确认文本域，属性设置如图 10-82 所示。

图10-82　Spry 验证确认【属性】面板

6. 选中其中的密码文本域，然后在【属性】面板中设置其属性，如图 10-83 所示。

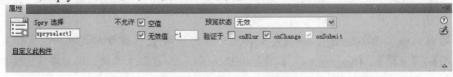

图10-83　密码文本域【属性】面板

7. 选择菜单命令【插入】/【表单】/【Spry 验证选择】，在"找回密码提示问题:"后面的单元格中插入一个 Spry 验证选择域，属性设置如图 10-84 所示。

图10-84　Spry 验证选择【属性】面板

8. 选中其中的菜单域，然后单击【属性】面板中的 列表值... 按钮，添加列表项，并设置初始选项，如图 10-85 所示。

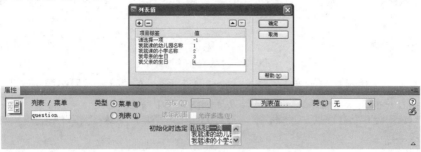

图10-85 添加列表项

9. 选择菜单命令【插入】/【表单】/【Spry 验证文本域】，在"密码问题答案:"后面的单元格中插入一个 Spry 验证文本域，属性设置如图 10-86 所示。

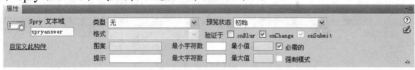

图10-86 Spry 验证文本域【属性】面板

10. 选中其中的文本域，然后在【属性】面板中设置其属性，如图 10-87 所示。

图10-87 文本域【属性】面板

11. 选择菜单命令【插入】/【表单】/【Spry 验证单选按钮组】，在"性别:"后面的单元格中插入一个 Spry 验证单选按钮组，参数设置如图 10-88 所示。

图10-88 添加 Spry 验证单选按钮组

12. 选择菜单命令【插入】/【表单】/【Spry 验证文本域】，在"您的身份证号码:"后面的单元格中插入一个 Spry 验证文本域，属性设置如图 10-89 所示。

图10-89 Spry 验证文本域【属性】面板

13. 选中其中的文本域，然后在【属性】面板中设置其属性，如图 10-90 所示。

图10-90 文本域【属性】面板

14. 选择菜单命令【插入】/【表单】/【Spry 验证复选框】，在 "同意《网络服务使用协议》:" 文本前面插入一个 Spry 验证复选框，属性设置如图 10-91 所示。

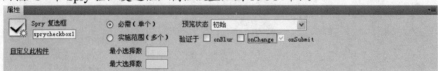

图10-91 Spry 验证复选框【属性】面板

15. 选中其中的复选框，然后在【属性】面板中设置其属性，如图 10-92 所示。

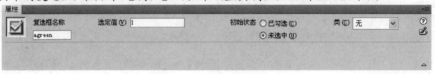

图10-92 复选框【属性】面板

16. 将鼠标光标置于 "同意《网络服务使用协议》:" 下面的单元格内，然后选择菜单命令【插入】/【表单】/【按钮】插入一个按钮，并在【属性】面板中设置其属性参数，如图 10-93 所示。

图10-93 按钮【属性】面板

17. 保存文件并在浏览器中预览，同时输入内容观看其效果。

10.2.3 课堂实训——制作 "个人基本信息" 表单网页

首先将附盘 "课堂实训\素材\第 10 讲\10-2-3" 文件夹下的内容复制到站点根文件夹下，然后使用 Spry 验证表单对象制作表单网页，最终效果如图 10-94 所示。

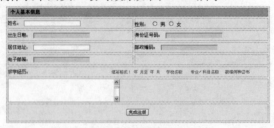

图10-94 制作 "个人基本信息" 网页

这是创建表单网页的例子，可以直接插入 Spry 验证表单对象，并进行属性设置。

【步骤提示】

1. 打开网页文档 "10-2-3.htm"，在 "姓名:" 后面插入一个 Spry 验证文本域，在【属性】面板中设置其名称为 "spryxm"，【验证于】为 "onChange"，其他保持默认设置。

2. 在"性别:"后面插入一个 Spry 验证单选按钮组,"1"代表"男","0"代表"女",插入单选按钮组后将其后面的换行符删除,然后在【属性】面板中将【验证时间】设置为"onChange",其他保持默认设置。

3. 在"出生日期:"后面插入一个 Spry 验证文本域,在【属性】面板中设置其名称为"spryrq",【类型】为"日期",【格式】为"yyyy-mm-dd",【提示】为"1980-02-02",【预览状态】为"有效",【验证于】为"onChange",其他保持默认设置。

4. 在"身份证号码:"后面插入一个 Spry 验证文本域,在【属性】面板中设置其名称为"sprysf",【类型】为"整数",【提示】为"十五位或十八位",【预览状态】为"有效",【验证于】为"onChange",【最小字符数】为"15",【最大字符数】为"18",其他保持默认设置。

5. 在"居住地址:"后面插入一个 Spry 验证文本域,在【属性】面板中设置其名称为"sprydz",其他保持默认设置。

6. 在"邮政编码:"后面插入一个 Spry 验证文本域,在【属性】面板中设置其名称为"spryyb",【类型】为"邮政编码",【提示】为"000000",【预览状态】为"有效",【验证于】为"onChange",其他保持默认设置。

7. 在"电子邮箱:"后面插入一个 Spry 验证文本域,在【属性】面板中设置其名称为"sprydy",【类型】为"电子邮件地址",【提示】为"@",【预览状态】为"有效",【验证于】为"onChange",其他保持默认设置。

8. 在"求学经历:"后面插入一个 Spry 验证文本域,在【属性】面板中设置其名称为"spryjl",其他保持默认设置。

9. 在最下面一行的单元格内插入一个按钮,并在【属性】面板中设置【按钮名称】为"submit",【值】为"完成注册",【动作】为"提交表单"。

10. 保存文件。

上面的操作只是设置了 Spry 验证表单构件的属性,具体表单对象的属性,可以分别选中各个表单对象,然后在【属性】面板中进行设置,这与第 10.1 节中介绍的内容是一样的,此处不再赘述。

10.3　综合案例——创建表单网页

首先将附盘"综合案例素材\第 10 讲"文件夹下的所有内容复制到站点根文件夹下,然后创建表单网页,要求能够使用 Spry 验证表单对象的就不使用普通表单对象,最终效果如图 10-95 所示。

这是创建表单网页的例子,其中标题、类别、内容和联系可以使用 Spry 验证表单对象,图像和按钮可以使用普通表单对象,同时进行属性设置。

图10-95　创建表单网页

【操作步骤】

1. 打开网页文档 "10-3.htm"，将鼠标光标置于 "标题:" 右侧单元格中，选择菜单命令【插入】/【表单】/【Spry 验证文本域】，插入一个 Spry 验证文本域，然后在【属性】面板中设置各项属性，如图 10-96 所示。

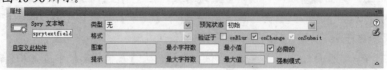

图10-96　Spry 文本域【属性】面板

2. 选中其中的文本域，然后在【属性】面板中设置其属性，如图 10-97 所示。

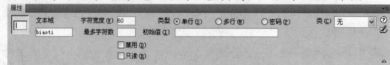

图10-97　文本域【属性】面板

3. 选择菜单命令【插入】/【表单】/【Spry 验证选择】，在 "类别:" 后面的单元格中插入一个 Spry 验证选择域，属性设置如图 10-98 所示。

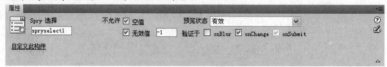

图10-98　Spry 验证选择域【属性】面板

4. 选中其中的菜单域，然后单击【属性】面板中的 列表值... 按钮，添加列表项，并设置初始选项，如图 10-99 所示。

图10-99　添加列表项

5. 选择菜单命令【插入】/【表单】/【Spry 验证文本区域】，在 "内容:" 后面的单元格中插入一个 Spry 验证文本区域，属性设置如图 10-100 所示。

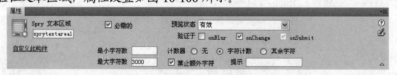

图10-100　Spry 验证文本区域【属性】面板

6. 选中其中的文本区域，然后在【属性】面板中设置其属性，如图 10-101 所示。

图10-101　文本区域【属性】面板

7.　选择菜单命令【插入】/【表单】/【文件域】，在"图片："后面的单元格中插入一个文件域，参数设置如图 10-102 所示。

图10-102　文件域【属性】面板

8.　选择菜单命令【插入】/【表单】/【Spry 验证文本区域】，在"联系："后面的单元格中插入一个 Spry 验证文本区域，属性设置如图 10-103 所示。

图10-103　Spry 验证文本区域【属性】面板

9.　选中其中的文本区域，然后在【属性】面板中设置其属性，如图 10-104 所示。

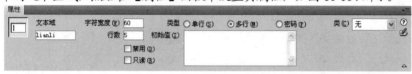

图10-104　文本区域【属性】面板

10.　选择菜单命令【插入】/【表单】/【按钮】，在最后一行单元格内依次插入两个按钮，并在【属性】面板中设置其属性参数，如图 10-105 所示。

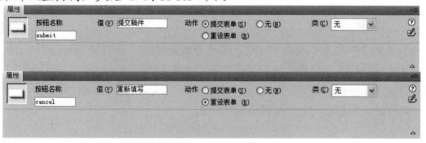

图10-105　按钮【属性】面板

11.　保存文件。

10.4　课后作业

将附盘"课后作业\第 10 讲\素材"文件夹下的内容复制到站点根文件夹下，然后根据步骤提示使用普通表单对象创建表单网页，如图 10-106 所示。

【步骤提示】

(1)　打开网页文档"10-4.htm"，然后在"姓名："后面插入单行文本域，名称为"myname"，字符宽度为"20"。

(2)　在"性别："后面依次插入两个单选按钮，名称为"sex"，其中"1"代表"男"，"0"代表"女"，第 1 个单选按钮为已选中状态。

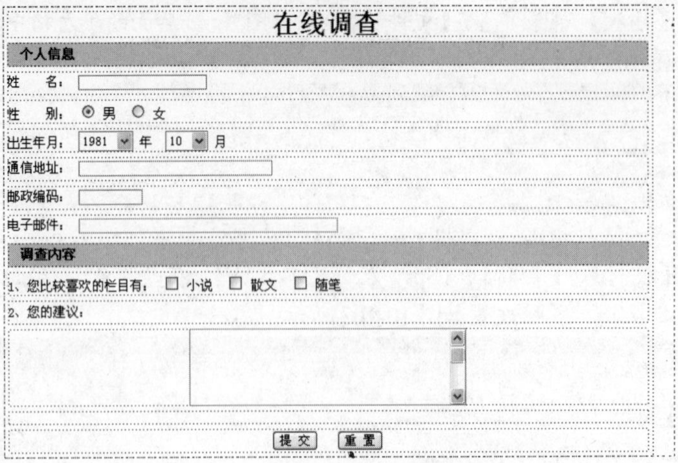

图10-106　在线调查

(3) 在"出生年月："后面依次插入两个菜单域，名称分别为"dateyear"和"datemonth"，并在【列表值】对话框中添加项目标签和值。

(4) 在"通信地址："后面插入单行文本域，名称为"myaddress"，字符宽度为"30"。

(5) 在"邮政编码："后面插入单行文本域，名称为"code"，字符宽度为"10"。

(6) 在"电子邮件："后面插入单行文本域，名称为"Email"，字符宽度为"40"。

(7) 在"您比较喜欢的栏目有："后面依次插入 3 个复选框，名称依次为"xiaoxue"、"sanwen"、"suibi"，选定值依次为"1"、"2"、"3"，初始状态均为"未选中"。

(8) 在"您的建议："下面的单元格中插入文本区域，名称为"jianyi"，字符宽度为"70"，行数为"8"。

(9) 在最后一个单元格中依次插入两个按钮，名称分别为"Submit"和"cancel"，值分别为"提交"和"重置"，动作分别为"提交表单"和"重设表单"。

(10) 使用【检查表单】行为对表单进行验证，要求姓名、通信地址、邮政编码和电子邮件不能为空，且邮箱地址必须符合"电子邮件地址"格式。

(11) 保存文件。

创建 ASP 应用程序

随着计算机网络技术的发展，创建带有后台数据库支撑的网页已是大势所趋，本讲将介绍在可视化环境下创建 ASP 应用程序的基本方法。本讲课时为 3 小时。

① 学习目标

◆ 掌握创建数据库连接的方法。

◆ 掌握显示数据库记录的方法。

◆ 掌握添加数据库记录的方法。

◆ 掌握更新数据库记录的方法。

◆ 掌握删除数据库记录的方法。

◆ 掌握用户身份验证的方法。

11.1 显示记录

在网页中显示数据库中的记录是创建 ASP 应用程序最基本的操作，也是读者应该掌握的最基本内容。

11.1.1 功能讲解

要显示数据库中的记录，首先必须做好以下几个方面的工作：搭建 ASP 应用程序开发环境，创建数据库连接，创建记录集，添加动态数据，添加重复区域，记录集分页以及显示记录记数等。下面对这些功能分别进行详细介绍。

一、搭建 ASP 应用程序开发环境

使用 Dreamweaver CS4 开发应用程序，首先必须搭建好开发环境。开发环境主要是指 IIS 服务器运行环境和在 Dreamweaver CS4 中可以使用服务器技术的站点环境。

(1) 配置 IIS 服务器。

如果不具备远程服务器环境，可以直接在本机上的 Windows XP Professional 中安装并配置 IIS 服务器。由于 IIS 服务器包括 Web、FTP 和 SMTP 服务器功能，通常配置好 Web 服务器即可。方法是，在【控制面板】/【管理工具】中双击【Internet 信息服务】选项，打开【Internet 信息服务】窗口；单击 击 按钮，依次展开相应文件夹，用鼠标右键单击【默认网站】选项，在弹出的快捷菜单中选择【属性】命令，弹出【默认网站属性】对话框；配置好【网站】选项卡的【IP 地址】选项，【主目录】选项卡的【本地路径】选项，【文档】选项卡的默认首页文档即可，如图 11-1 所示。

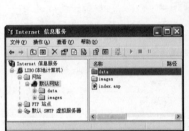

图11-1　配置 IIS 服务器

(2)　定义站点。

Dreamweaver CS4 支持 ASP、JSP、Cold Fusion 和 PHP MySQL 等服务器技术，所以在使用 Dreamweaver CS4 开发应用程序之前，首先要定义一个可以使用服务器技术的站点，以便于程序的开发和测试。具体方法可参照第 2 讲中的相关内容。

二、创建数据库连接

ASP 应用程序必须通过开放式数据库连接（ODBC）驱动程序（或对象链接）和嵌入式数据库（OLE DB）提供程序连接到数据库。该驱动程序或提供程序用作解释器，能够使 Web 应用程序与数据库进行通信。

在 Dreamweaver CS4 中，创建数据库连接必须在打开 ASP 网页的前提下进行，数据库连接创建完毕后，站点中的任何一个 ASP 网页都可以使用该数据库连接。创建数据库连接的方式有两种：一种是以自定义连接字符串方式创建数据库连接，另一种是以数据源名称（DSN）方式创建数据库连接。使用自定义连接字符串创建数据库连接，可以保证用户在本地计算机中定义的数据库连接上传到服务器上后可以继续使用，具有更大的灵活性和实用性，因此被更多用户选用。

Access 97 数据库的连接字符串有以下两种格式。

- "Provider=Microsoft.Jet.OLEDB.3.5;Data Source=" & Server.MapPath ("数据库文件相对路径")
- "Provider=Microsoft.Jet.OLEDB.3.5;Data Source=数据库文件物理路径"

Access 2000～Access 2003 数据库的连接字符串有以下两种格式。

- "Provider=Microsoft.Jet.OLEDB.4.0;Data Source=" & Server.MapPath("数据库文件相对路径")
- "Provider=Microsoft.Jet.OLEDB.4.0;Data Source=数据库文件物理路径"

Access 2007 数据库的连接字符串有以下两种格式。

- "Provider=Microsoft.ACE.OLEDB.12.0;Data Source= "& Server.MapPath ("数据库文件相对路径")
- "Provider=Microsoft.ACE.OLEDB.12.0;Data Source=数据库文件物理路径"

SQL 数据库的连接字符串格式如下。

- "PROVIDER=SQLOLEDB;DATA SOURCE=SQL 服务器名称或 IP 地址;UID=用户名;PWD=数据库密码;DATABASE=数据库名称"

另外，使用 ODBC 原始驱动面向 Access 数据库的字符串连接格式如下。

- "DRIVER={Microsoft Access Driver (*.mdb)};DBQ=" & Server.MapPath ("数据库文件的相对路径")
- "DRIVER={Microsoft Access Driver (*.mdb)};DBQ=数据库文件的物理路径"

使用 ODBC 原始驱动面向 SQL 数据库的字符串连接格式如下。

- "DRIVER={SQL Server};SERVER=SQL 服务器名称或 IP 地址;UID=用户名;PWD=数据库密码;DATABASE=数据库名称"

代码中的"Server.MapPath（）"指的是文件的虚拟路径，使用它可以不理会文件具体存在服务器的哪一个分区下面，只要使用相对于网站根目录或者相对于文档的路径就可以了。

使用 Dreamweaver CS4 创建字符串连接的方法是，创建或打开一个 ASP 文档，然后选择菜单命令【窗口】/【数据库】，打开【数据库】面板，在【数据库】面板中单击 按钮，在弹出的快捷菜单中选择【自定义连接字符串】命令，弹出【自定义连接字符串】对话框。在【连接名称】文本框中输入连接名称，在【连接字符串】文本框中输入连接字符串，然后点选【使用测试服务器上的驱动程序】单选按钮，单击 确定 按钮关闭对话框，完成数据连接的创建工作，如图 11-2 所示。

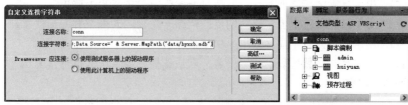

图11-2 创建数据库连接

对于初次使用自定义连接字符串连接数据库时，可能会出现路径无效的错误。这是因为 Dreamweaver 在建立数据库连接时，会在站点根文件夹下自动生成"_mmServerScripts"文件夹，该文件夹下通常有 3 个文件，主要用来调试程序使用。但是如果使用自定义连接字符串连接数据库时，系统会提示在"_mmServerScripts"文件夹下找不到数据库。对于这个问题，目前还没有很好的解决方法，不过用户可以将数据库按已存在的相对路径复制一份放在"_mmServerScripts"文件夹下，这样就不会出现路径错误的情况了。但是如果一开始就出现连接不上的情况，此时不会生成该文件夹，可以修改连接字符串，将"Server.MapPath("data/hyxxb.mdb")"中的数据库路径修改为"/data/hyxxb.mdb"，即增加了一个"/"，这样就可以连接成功了，"_mmServerScripts"文件夹也出现了。这是因为，数据库文件夹在本地就是直接位于根文件夹下，所以直接加上"/"并不是错误的。当然在上传到服务器前，最好改正过来，服务器操作系统是不会出现这样的问题的，只有在 Windows XP 操作系统下才会出现这样的问题。

三、创建记录集

网页不能直接访问数据库中存储的数据，而是需要与记录集进行交互。在创建数据库连接以后，要想显示数据库中的记录还必须创建记录集。记录集在 ASP 中就是一个数据库操作对象，它实际上是通过数据库查询从数据库中提取的一个数据子集，通俗地说就是一个临时的数据表。记录集可以包括一个数据库，也可以包括多个数据表，或者表中部分数据。由于应用程序很少要用到数据库表中的每个字段，所以应该使记录集尽可能小。

可以使用以下任意一种方式打开【记录集】对话框来创建记录集，如图 11-3 所示。

- 选择菜单命令【插入】/【数据对象】/【记录集】。
- 选择【窗口】/【服务器行为】或【绑定】命令打开【服务器行为】或【绑定】面板，然后单击 ➕ 按钮，在弹出的菜单中选择【记录集】命令。
- 在【插入】/【数据】面板中单击 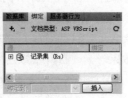 按钮。

图11-3　创建记录集

【记录集】对话框中的相关参数简要说明如下。

- 【名称】：用于设置记录集的名称，同一页面中的多个记录集不能重名。
- 【连接】：用于设置列表中显示成功创建的数据库连接，如果没有则需要重新定义。
- 【表格】：用于设置列表中显示数据库中的数据表。
- 【列】：用于显示选定数据表中的字段名，默认选择全部字段，也可按 Ctrl 键来选择特定的某些字段。
- 【筛选】：用于设置创建记录集的规则和条件。在第 1 个列表中选择数据表中的字段；在第 2 个列表中选择运算符，包括 "="、">"、"<"、">="、"<="、"<>"、"开始于"、"结束于" 和 "包含" 9 种；第 3 个列表用于设置变量的类型；文本框用于设置变量的名称。
- 【排序】：用于设置按照某个字段 "升序" 或者 "降序" 进行排序。

单击 高级… 按钮可以打开高级【记录集】对话框，进行 SQL 代码编辑，从而创建复杂的记录集，如图 11-4 所示。

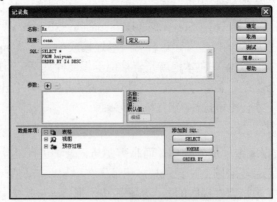

图11-4　高级【记录集】对话框

如果对创建的记录集不满意，可以在【服务器行为】面板中双击记录集名称，或在其【属性】
面板中单击 编辑... 按钮，弹出【记录集】对话框，对原有设置进行重新编辑，如图 11-5 所示。

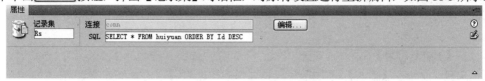

图11-5 【属性】面板

四、添加动态数据

记录集负责从数据库中取出数据，而要将数据插入到文档中，就需要通过动态数据的形式。
动态数据包括动态文本、动态表格、动态文本字段、动态复选框、动态单选按钮组和动态选择列表
等，下面介绍动态文本和动态表格。

(1) 动态文本。

动态文本就是在页面中动态显示的数据。插入动态文本的方法是，首先打开要插入动态文本
的 ASP 文档，然后将鼠标光标置于需要增加动态文本的位置，在【绑定】面板中选择需要绑定的
记录集字段，并单击面板底部的 插入 按钮，将动态文本插入到文档中，如图 11-6 所示。也可
以使用鼠标直接将动态文本拖曳到要插入的位置。

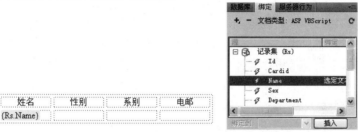

图11-6 插入动态文本

如果需要插入带格式的动态文本，可以使用以下任意一种方式，打开【动态文本】对话框，
在【域】列表框中选择要插入的字段，在格式下拉列表中根据字段类型选择需要的格式即可，如图
11-7 所示。

- 在【服务器行为】面板中单击 ➕ 按钮，在弹出的下拉菜单中选择【动态文本】命令。
- 选择菜单命令【插入】/【数据对象】/【动态数据】/【动态文本】。
- 在【插入】/【数据】面板的【动态数据】按钮组中单击 动态数据：动态文本 按钮。

图11-7 【动态文本】对话框

(2) 动态表格。

所谓动态表格是指利用【动态表格】命令将数据表中的数据以表格的形式自动插入到文档中。方法是使用以下任意一种方式打开【动态表格】对话框，并进行参数设置即可，如图 11-8 所示。

- 在【服务器行为】面板中单击 ⊞ 按钮，在弹出的下拉菜单中选择【动态文本】命令。
- 选择菜单命令【插入】/【数据对象】/【动态数据】/【动态表格】。
- 在【插入】/【数据】面板的【动态数据】按钮组中单击 动态数据：动态表格 按钮。

图11-8 插入动态表格

使用动态文本的方式显示数据，表格需要用户提前制作好，而使用动态表格的方式显示数据，表格自动生成，减少了制作表格的麻烦。但使用动态文本方式，自己制作表格会比较灵活，表格形式可以多种多样，而使用动态表格的形式，所有的数据字段都显示在了文档中，而且表格形式单一，需要用户根据实际情况进行重新调整。另外，使用动态表格的方式显示数据，在表格中将自动设置重复区域，而使用动态文本的方式显示数据，表格的重复区域需要用户自行设置。

五、添加重复区域

只有添加了重复区域，记录才能一条一条地显示出来，否则将只显示记录集中的第 1 条记录。添加重复区域的方法是，用鼠标选中表格中的数据显示行，然后使用以下任意一种方式打开【重复区域】对话框进行设置即可，如图 11-9 所示。

- 在【服务器行为】面板中单击 ⊞ 按钮，在弹出的下拉菜单中选择【重复区域】命令。
- 选择菜单命令【插入】/【数据对象】/【重复区域】。
- 在【插入】/【数据】面板中单击 重复区域 按钮。

图11-9 添加重复区域

六、记录集分页

如果定义了记录集每页显示的记录数，那么实现翻页，就要用到记录集分页功能。实现记录集分页的方法是，将鼠标光标置于适当位置，然后使用以下任意一种方式打开【记录集导航条】对话框进行设置即可，如图 11-10 所示。

- 选择菜单命令【插入】/【数据对象】/【记录集分页】/【记录集导航条】。
- 在【插入】/【数据】面板的记录集分页按钮组中单击 记录集分页：记录集导航条 按钮。

记录集导航条
记录集：Rs
显示方式：文本
图像
确定
取消
帮助
如果符合此条件则显示...
第一页 前一页 下一个 最后一页

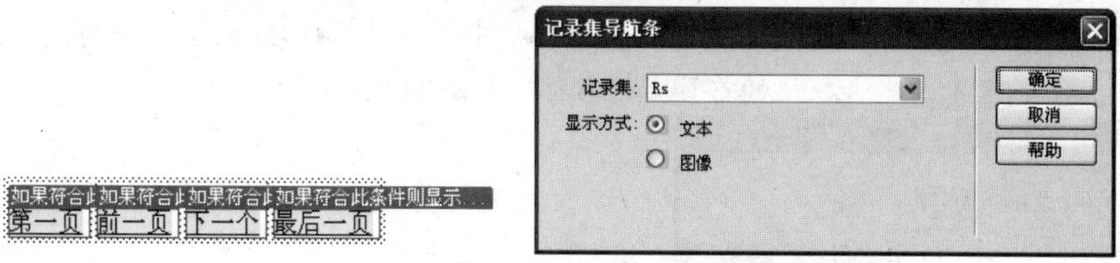

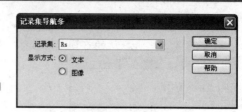

图11-10 记录集分页

【记录集导航条】对话框中的【记录集】下拉列表将显示在当前网页文档中已定义的记录集名称，如果定义了多个记录集，这里将显示多个记录集名称，如果只有一个记录集，不用特意去选择。在【显示方式】选项组中，如果点选【文本】单选按钮，则会添加文字用作翻页指示；如果点选【图像】单选按钮，则会自动添加 4 幅图像用作翻页指示。

七、显示记录记数

使用显示记录记数功能，可以在每页都显示记录在记录集中的起始位置以及记录的总数。设置显示记录计数的方法是，将光标置于适当位置，然后使用以下任意一种方式打开【记录集导航状态】对话框进行设置即可，如图 11-11 所示。

- 选择菜单命令【插入】/【数据对象】/【显示记录计数】/【记录集导航状态】。
- 在【插入】/【数据】面板中单击 按钮。

记录集导航状态

记录集导航状态
记录集：Rs
范例：记录 1 到 5 (总共 10 个记录)
确定
取消
帮助
记录 {Rs_first} 到 {Rs_last} (总共 {Rs_total})

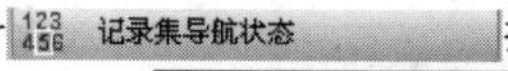

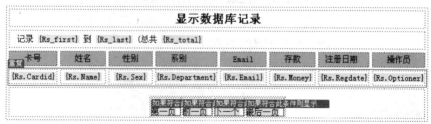

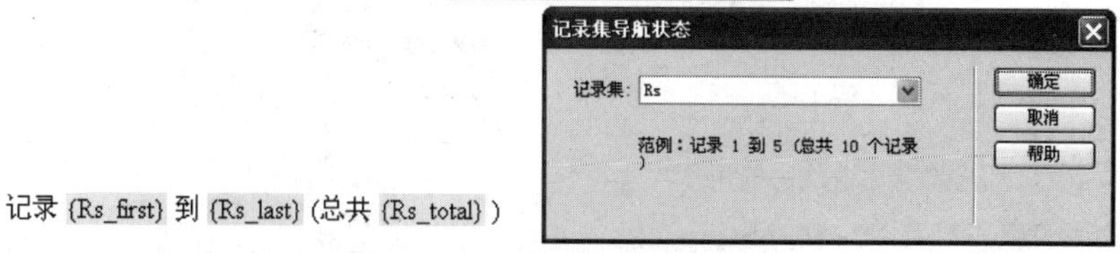

图11-11 【记录集导航状态】对话框

至此，显示数据库记录的基本功能就介绍完了。

11.1.2 范例解析——显示会员信息

请读者先在本机搭建好 ASP 应用程序开发环境，然后将附盘“范例解析\素材\第 11 讲\11-1-2”文件夹下的内容复制到站点根文件夹下，使用服务器技术将数据表“huiyuan”中的数据显示出来，最终效果如图 11-12 所示。

显示数据库记录
记录 {Rs_first} 到 {Rs_last} (总共 {Rs_total}
重复
卡号 姓名 性别 系别 Email 存款 注册日期 操作员
{Rs.Cardid} {Rs.Name} {Rs.Sex} {Rs.Department} {Rs.Email} {Rs.Money} {Rs.Regdate} {Rs.Optioner}
如果符合此条件则显示...
第一页 前一页 下一个 最后一页

图11-12 显示记录

这是显示数据库记录的例子，首先需要搭建好 ASP 应用程序开发环境，然后创建数据库连接，并插入动态文本，设置重复区域、记录集分页和导航状态，具体操作步骤如下。

1. 在【控制面板】/【管理工具】中双击【Internet 信息服务】选项，打开【Internet 信息服务】窗口。用鼠标右键单击【默认网站】选项，在弹出的快捷菜单中选择【属性】命令，弹出【默认网站属性】对话框，在【网站】选项卡的【IP 地址】文本框中输入本机的 IP 地址。切换到【主目录】选项卡，在【本地路径】文本框中设置网页所在目录，如"E:\mysite"。切换到【文档】选项卡，添加默认的首页文档名称，如图 11-13 所示。

图11-13　配置 IIS 服务器

2. 在 Dreamweaver CS4 中创建一个使用"ASP VBScript"服务器技术的站点，如图 11-14 所示。

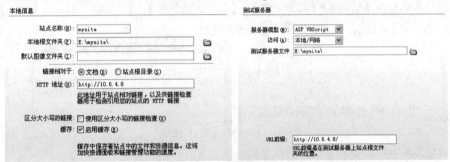

图11-14　本地信息和测试服务器信息

3. 将附盘"范例解析\素材\第 11 讲\11-1-2"文件夹下的内容复制到站点根文件夹下，然后打开网页文档"11-1-2.asp"，选择菜单命令【窗口】/【数据库】，打开【数据库】面板，在【数据库】面板中单击 按钮，在弹出的快捷菜单中选择【自定义连接字符串】命令创建数据库连接，如图 11-15 所示。

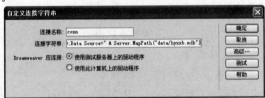

图11-15　创建数据库连接

其中，使用的字符串如下。

"Provider=Microsoft.Jet.OLEDB.4.0;Data Source=" & Server.MapPath("data/hyxxb.mdb")

如果连接不成功，请将数据库及其所在的文件夹"data"复制到"_mmServerScripts"文件夹下。

4. 选择菜单命令【窗口】/【绑定】，打开【绑定】面板，然后单击 按钮，在弹出的菜单中选择【记录集】命令创建记录集"Rs"，如图 11-16 所示。

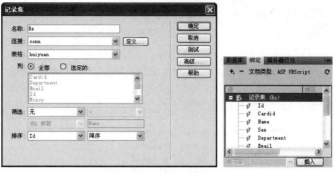

图11-16　创建记录集

5. 将鼠标光标置于"卡号"下面的单元格内，在【绑定】面板中选中"Cardid"，单击 **插入** 按钮插入动态文本，然后运用相同的方法依次插入其他动态文本，如图 11-17 所示。

图11-17　插入动态文本

6. 用鼠标光标选中表格中的数据行，然后在【服务器行为】面板中单击➕按钮，在弹出的下拉菜单中选择【重复区域】命令设置重复区域，如图 11-18 所示。

图11-18　【重复区域】对话框

7. 将鼠标光标置于表格最下面一行，然后选择菜单命令【插入】/【数据对象】/【记录集分页】/【记录集导航条】，设置分页功能，如图 11-19 所示。

图11-19　【记录集导航条】对话框

8. 将鼠标光标置于文本"显示数据库记录"下面一行单元格内，然后选择菜单命令【插入】/【数据对象】/【显示记录记数】/【记录集导航状态】，设置记录记数功能，如图 11-20 所示。

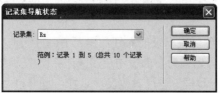

图11-20　【记录集导航状态】对话框

9. 保存文件，并在浏览器中预览，效果如图 11-21 所示。

显示数据库记录

记录 1 到 6（总共 6

卡号	姓名	性别	系别	Email	存歌	注册日期	操作员
996688335	宋温馨	女	2008地理	songwx@163.com	10	2009-5-16	admin
896325186	宋佳丽	女	2008数学	songjl@163.com	8	2009-5-13	admin
826478921	胡晓丽	女	2008艺术	huxl@sina.com	5	2009-5-12	admin
668899332	宋佳佳	女	2009历史	songjj@sohu.com	3	2009-5-10	admin
886688991	王山高	男	2008中文	wangsg@126.com	2	2009-5-8	admin
875946216	王晓明	男	2008英语	wangxm@163.com	5	2009-5-1	admin

图11-21　在浏览器中预览

11.1.3 课堂实训——显示管理员信息

将附盘"课堂实训\素材\第 11 讲\11-1-3"文件夹下的内容复制到站点根文件夹下，使用服务器技术将数据表"admin"中的数据显示出来，最终效果如图 11-22 所示。

图11-22　显示记录

这是显示数据库记录的例子，在上一小节中已经创建了数据连接，这里不需要重复创建，由于数据表中记录较少，可以一次全部显示，不需要再设置分页功能，也不需要记录记数功能。

【步骤提示】

1. 打开网页文档"11-1-3.asp"，创建记录集"Rs"，选择数据表"admin"。
2. 将"Name"和"Passw"两个字段插入到文档中相应单元格内。
3. 设置重复区域，全部显示所有记录。
4. 保存文档。

11.2　操作记录和身份验证

数据库中的记录可以通过记录集和动态文本显示出来，但这些记录必须通过适当的方式添加进去，添加进去的记录有时候还需要根据情况的变化进行更新，不需要的记录还需要进行删除。对于一个系统的后台管理页面，通常还需要设置身份验证。这些均可以通过服务器行为来实现。

11.2.1 功能讲解

下面介绍插入记录、更新记录、删除记录、限制对页的访问、用户登录和注销的知识。

一、插入记录

使用插入记录服务器行为可以将记录插入到数据表中，方法是，首先需要制作一个能够输入数据的表单页面，然后在【服务器行为】面板中单击按钮，在弹出的下拉菜单中选择【插入记录】命令，弹出【插入记录】对话框，进行参数设置即可，如图 11-23 所示。

图11-23 【插入记录】对话框

在【连接】下拉列表中选择已创建的数据连接，在【插入到表格】下拉列表中选择数据表，在【插入后，转到】文本框中定义插入记录后要转到的页面，在【获取值自】下拉列表中选择表单的名称，在【表单元素】下拉列表中选择相应的选项，在【列】下拉列表中选择数据表中与之相对应的字段名，在【提交为】下拉列表中选择该表单元素的数据类型，如果表单元素的名称与数据库中的字段名称是一致的，这里将自动对应，不需要人为设置。

二、更新记录

使用更新记录服务器行为可以将数据表中指定的记录进行更新，这类更新记录的操作通常需要主页面和详细页面，在主页面中选择要更新的记录，然后在详细页面中根据传递参数创建记录集并添加更新记录服务器行为。此过程涉及到传递参数和动态表单元素，下面简要说明。

传递参数有 URL 参数和表单参数两种，即平时所用到的两种类型的变量：QueryString 和 Form。QueryString 主要用来检索附加到发送页面 URL 的信息。查询字符串由一个或多个"名称/值"组成，这些"名称/值"使用一个问号（？）附加到 URL 后面。如果查询字符串中包括多个"名称/值"时，则用符号（&）将它们合并在一起。可以使用"Request.QueryString("id")"来获取 URL 中传递的变量值，如果传递的 URL 参数中只包含简单的数字，也可以将 QueryString 省略，只采用 Request ("id")的形式。Form 主要用来检索表单信息，该信息包含在使用 POST 方法的 HTML 表单所发送的 HTTP 请求正文中。可以采用"Request.Form("id")"语句来获取表单域中的值。在 Dreamweaver CS4 中，选择菜单命令【插入】/【数据对象】/【转到】/【详细页】，可以可视化设置要传递的参数，在创建记录集时可以设置要接收的参数，如图 11-24 所示。

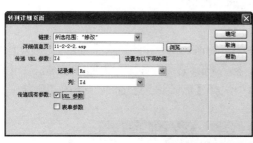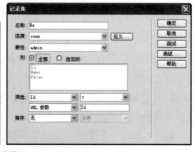

图11-24 设置传递参数

动态表单元素通常包括动态文本字段、动态复选框、动态单选按钮组和动态选择列表，它们要根据传递参数在文本域、复选框、单选按钮组和菜单/列表中显示记录集中的相应字段内容，以便用户修改。插入动态表单元素的方法仍然有 3 种，即菜单命令、【服务器行为】面板和【插入】/【数据】面板，图 11-25 所示为插入动态文本字段的对话框。

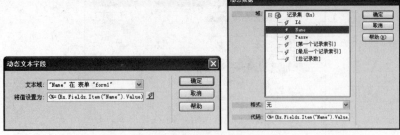

图11-25　插入动态文本字段

当然，也可以在【属性】面板中通过设置文本域的初始值来显示动态文本字段的内容，如图11-26所示。

图11-26　【属性】面板

最后就需要添加更新记录服务器行为了，方法是在【服务器行为】面板中单击➕按钮，在弹出的下拉菜单中选择【更新记录】命令，弹出【更新记录】对话框，进行参数设置即可，如图 11-27 所示。

图11-27　【更新记录】对话框

三、删除记录

使用删除记录服务器行为可以将数据表中指定的记录删除，此删除行为必须通过记录集和表单共同完成，最后才插入删除记录服务器行为。插入删除记录服务器行为的方法是，在【服务器行为】面板中单击➕按钮，在弹出的下拉菜单中选择【删除记录】命令，弹出【删除记录】对话框，进行参数设置即可，如图 11-28 所示。

图11-28　【删除记录】对话框

四、用户身份验证

用户身份验证包括限制对页的访问、用户登录和注销、检查新用户名等。

通常一个管理系统的后台页面是不允许普通用户访问的，这就要求必须对每个页面添加"限制对页的访问"功能。方法是打开要添加此功能的网页，然后在【服务器行为】面板中单击━━按钮，在弹出的下拉菜单中选择【用户身份验证】/【限制对页的访问】命令，弹出【限制对页的访问】对话框，进行参数设置即可，如图 11-29 所示。

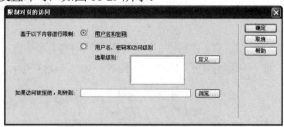

图11-29 【限制对页的访问】对话框

页面一旦添加了限制对页的访问功能，管理员就必须通过登录才能访问这些页面。添加用户登录服务器行为的方法是，打开要添加此功能的网页，然后在【服务器行为】面板中单击━━按钮，在弹出的下拉菜单中选择【用户身份验证】/【登录用户】命令，弹出【登录用户】对话框，进行参数设置即可，如图 11-30 所示。

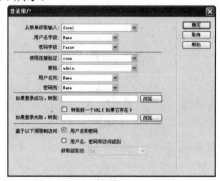

图11-30 【登录用户】对话框

用户登录成功以后，如果要离开，最好进行用户注销。方法是，选中提示注销的文本，然后在【服务器行为】面板中单击━━按钮，在弹出的下拉菜单中选择【用户身份验证】/【注销用户】命令，弹出【注销用户】对话框，进行参数设置即可，如图 11-31 所示。

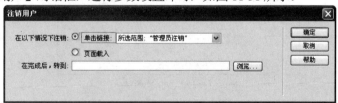

图11-31 【注销用户】对话框

在注册新用户时，通常是不允许用户名相同的，这就要求在注册新用户时能够检查用户名在数据库中是否已经存在。方法是，打开用户注册的网页，在【服务器行为】面板中单击━━按钮，在弹出的下拉菜单中选择【用户身份验证】/【检查新用户名】命令，弹出【检查新用户名】对话框，进行参数设置即可，如图 11-32 所示。

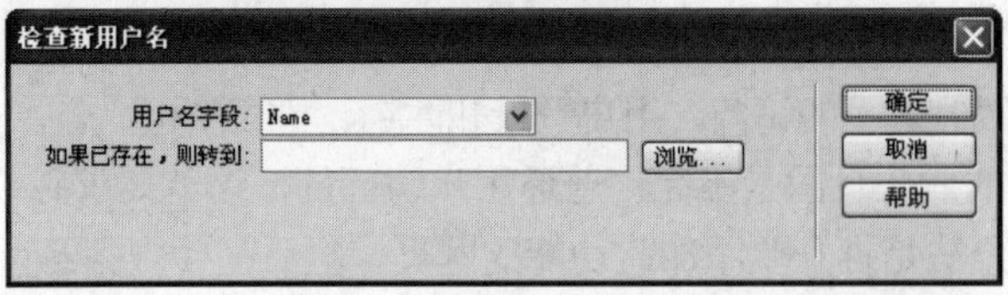

图11-32　【检查新用户名】对话框

11.2.2 范例解析——插入、更新和删除记录

首先将附盘"范例解析\素材\第 11 讲\11-2-2"文件夹下的内容复制到站点根文件夹下，然后使用插入、更新和删除记录服务器行为设置网页，其中主页面效果如图11-33 所示。

图11-33　管理员浏览页面

这是操作数据库记录的一个例子，需要使用插入记录、更新记录和删除记录服务器行为，具体操作步骤如下。

首先设置插入记录服务器行为。

1. 打开网页文档"11-2-2-3.asp"，如图 11-34 所示。

图11-34　打开网页文档

2. 在【服务器行为】面板中单击➕按钮，在弹出的下拉菜单中选择【插入记录】命令，弹出【插入记录】对话框，进行参数设置，如图 11-35 所示。

图11-35　【插入记录】对话框

3. 单击 确定 按钮，向数据表中添加记录的设置就完成了，如图 11-36 所示。

图11-36　【服务器行为】面板

4. 最后保存该文档。

下面设置更新记录服务器行为。

5. 打开网页文档 "11-2-2-1.asp"，如图 11-37 所示。

图11-37 打开网页文档

6. 用鼠标选中文本 "修改"，然后选择菜单命令【插入】/【数据对象】/【转到】/【详细页】，弹出【转到详细页面】对话框并进行参数设置，如图 11-38 所示。

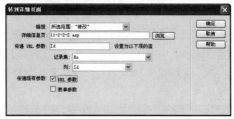

图11-38 【转到详细页面】对话框

7. 单击 确定 按钮关闭对话框并保存文档，然后打开文档 "11-2-2-2.asp"，根据传递的参数创建记录集 "Rs"，如图 11-39 所示。

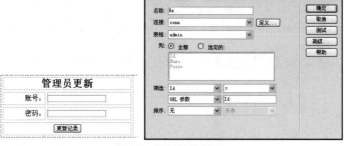

图11-39 创建记录集 "Rs"

8. 选中文本 "账号" 后面的文本域，然后在【绑定】面板中选中字段 "Name"，并单击 绑定 按钮，将其绑定到文本域上，如图 11-40 所示。

图11-40 【绑定】面板

9. 运用相同的方法将【绑定】面板中的字段 "Passw" 绑定到文本 "密码" 后面的文本域上。

10. 在【服务器行为】面板中单击 按钮，在弹出的下拉菜单中选择【更新记录】命令，弹出【更新记录】对话框，然后进行参数设置，如图 11-41 所示。

图11-41 【更新记录】对话框

11. 单击 确定 按钮插入【更新记录】服务器行为，并保存文档。

下面设置删除记录服务器行为。

12. 打开网页文件 "11-2-2-1.asp"，选择菜单命令【插入】/【数据对象】/【删除记录】，弹出【删除记录】对话框，参数设置如图 11-42 所示。

图11-42 【删除记录】对话框

13. 单击 确定 按钮添加【删除记录】服务器行为，最后保存文档。

11.2.3 课堂实训——用户身份验证

将第 11.2.2 小节中的相关页面添加限制对页的访问功能，只有进行登录后才可以访问，登录页面效果如图 11-43 所示。

图11-43 登录页面

这是对后台页面进行限制访问的例子，除了登录页面外，其他页面需要添加限制对页的访问功能，同时提供用户注销功能，在注册新用户时，需要检查用户名是否重复。

【步骤提示】

1. 依次打开网页文件 "11-2-2-1.asp"、"11-2-2-2.asp" 和 "11-2-2-3.asp"，通过菜单命令【插入】/【数据对象】/【用户身份验证】/【限制对页的访问】，对网页添加限制对页的访问功能，如果访问被拒绝，则转到登录页 "11-2-2-0.asp"。

2. 打开网页文件 "11-2-2-0.asp"，然后选择菜单命令【插入】/【数据对象】/【用户身份验证】/【登录用户】，添加登录用户服务器行为，其中数据库连接为 "conn"，数据表格为

"admin"，用户名列为"Name"，密码列为"Passw"，如果登录成功则转到"11-2-2-1.asp"，如果登录失败则转到"loginfail.htm"。

3. 打开网页文件"11-2-2-1.asp"，选中文本"管理员注销"，然后选择菜单命令【插入】/【数据对象】/【用户身份验证】/【注销用户】，添加注销用户服务器行为，注销完成后转到登录页"11-2-2-0.asp"。

4. 打开网页文件"11-2-2-3.asp"，选择菜单命令【插入】/【数据对象】/【用户身份验证】/【检查新用户名】，添加检查新用户名服务器行为，如果用户名已存在则转到"userexisted.htm"。

11.3 综合案例——制作网吧会员信息管理系统

首先将附盘"综合案例\素材\第 11 讲"文件夹下的所有内容复制到站点根文件夹下，然后制作网吧会员信息管理系统，主页面效果如图 11-44 所示。

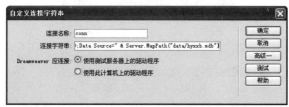

图11-44 网吧会员信息管理系统

这是创建表单网页的例子，其中标题、类别、内容和联系可以使用 Spry 验证表单对象，图像和按钮可以使用普通表单对象，同时进行属性设置。

【操作步骤】

首先设置主页文档"index.asp"。

1. 打开网页文档"index.asp"，然后在【数据库】面板中创建自定义字符串连接，如图 11-45 所示。

图11-45 创建数据库连接

其中，使用的字符串如下所示。

"Provider=Microsoft.Jet.OLEDB.4.0;Data Source=" & Server.MapPath("data/hyxxb.mdb")

如果连接不成功，请按照前面的介绍进行设置。

2. 打开【绑定】面板，然后单击➕按钮，在弹出的快捷菜单中选择【记录集（查询）】命令，创建记录集"Rs"，如图 11-46 所示。

图11-46 创建记录集

3. 将鼠标光标置于"账号"下面的单元格内，然后在【绑定】面板中选择"Cardid"，单击 插入 按钮，将动态文本插入到单元格中。

4. 将鼠标光标置于"姓名"下面的单元格内，然后在【服务器行为】面板中单击 按钮，在弹出的菜单中选择【动态文本】命令，弹出【动态文本】对话框，选择"Name"，单击 确定 按钮，将动态文本插入到单元格中，如图 11-47 所示。

图11-47 【动态文本】对话框

5. 将鼠标光标置于"性别"下面的单元格内，然后选择菜单命令【插入】/【数据对象】/【动态数据】/【动态文本】，弹出【动态文本】对话框，选择"Sex"，单击 确定 按钮，将动态文本插入到单元格中。

6. 运用相同的方法在其他单元格中插入相应的动态文本。

7. 选择表格中的数据显示行，然后在【服务器行为】面板中单击 按钮，在弹出的菜单中选择【重复区域】命令，设置重复区域，如图 11-48 所示。

图11-48 【重复区域】对话框

8. 将鼠标光标置于数据表格下面的表格单元格内，然后选择菜单命令【插入】/【数据对象】/【记录集分页】/【记录集导航条】，设置记录集导航条，如图 11-49 所示。

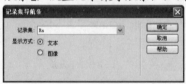

图11-49 【记录集导航条】对话框

9. 将鼠标光标置于数据表格上面的表格单元格内，然后选择菜单命令【插入】/【数据对象】/
【显示记录计数】/【记录集导航状态】，设置记录计数，如图 11-50 所示。

图11-50 【记录集导航状态】对话框

10. 保存文档，效果如图 11-51 所示。

图11-51 主页效果

下面设置文档"insert.asp"。

11. 打开网页文档"insert.asp"，在【服务器行为】面板中单击 按钮，在弹出的菜单中选择【插入记录】命令设置插入记录服务器行为，如图 11-52 所示。

图11-52 【插入记录】对话框

12. 选择菜单命令【插入】/【数据对象】/【用户身份验证】/【检查新用户名】，插入检查新用户名服务器行为，如图 11-53 所示。

图11-53 【检查新用户名】对话框

13. 保存文档，效果如图 11-54 所示。

图11-54 注册页面

下面设置文档"list.asp"。

14. 打开文档"list.asp"，创建记录集"Rs"，如图 11-55 所示。

图11-55　【记录集】对话框

15. 将动态文本插入到单元格中，然后添加重复区域、翻页功能和计数功能，如图 11-56 所示。

图11-56　添加动态文本等服务器行为

16. 选中文本"修改"，然后选择菜单命令【插入】/【数据对象】/【转到】/【详细页】，设置传递参数，如图 11-57 所示。

图11-57　【转到详细页】对话框

17. 保存文档。

下面设置文档"modify.asp"。

18. 打开文档"modify.asp"，根据传递的参数创建记录集"Rs"，如图 11-58 所示。

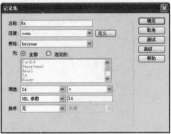

图11-58　【记录集】对话框

19. 将【绑定】面板中记录集（Rs）中的字段依次绑定到文档中相对应的文本域上，如图 11-59 所示。

图11-59　插入动态文本字段

20. 在【服务器行为】面板中单击 ￼ 按钮，在弹出的菜单中选择【更新记录】命令，插入【更新记录】服务器行为，如图 11-60 所示。

图11-60　【更新记录】对话框

21. 保存文档。

继续设置文档"list.asp"。

22. 打开文档"list.asp"，在文本"修改"后面的单元格中插入一个表单，然后在表单区域中添加一个按钮，如图 11-61 所示。

图11-61　设置按钮属性

23. 选择菜单命令【插入】/【数据对象】/【删除记录】，添加【删除记录】服务器行为，如图 11-62 所示。

图11-62　【删除记录】对话框

24. 最后保存文档，效果如图 11-63 所示。

图11-63　添加【删除记录】服务器行为

25. 选择菜单命令【插入】/【数据对象】/【用户身份验证】/【限制对页的访问】，依次对网页文档 "list.asp"、"insert.asp"、"modify.asp" 添加限制对页的访问服务器行为，如果访问被拒绝，则转到 "login.asp"。

下面设置网页文档 "login.asp" 和 "list.asp"。

26. 打开网页文档 "login.asp"，然后选择菜单命令【插入】/【数据对象】/【用户身份验证】/【登录用户】，设置登录用户服务器行为，如图 11-64 所示。

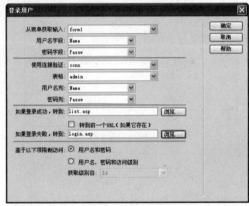

图11-64　【登录用户】对话框

27. 保存文档，然后打开网页文档 "list.asp"，选中标有 "用户注销" 字样的图像，选择菜单命令【插入】/【数据对象】/【用户身份验证】/【注销用户】，添加注销用户服务器行为，如图 11-65 所示。

图11-65　【注销用户】对话框

28. 保存文档。

11.4　课后作业

将附盘 "课后作业\第 11 讲\素材" 文件夹下的内容复制到站点根文件夹下，然后根据步骤提示设置用户信息查询页面，如图 11-66 所示。

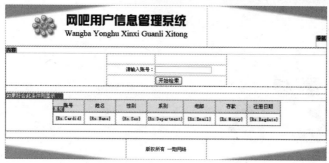

图11-66　用户信息查询

【操作提示】

(1) 打开文档 "search.asp"，然后创建记录集 "Rs"，注意【筛选】选项组的设置方法，如图 11-67 所示。

(2) 在表格的相应单元格中插入动态文本，然后设置重复区域，如图 11-68 所示。

图11-67　创建记录集

图11-68　设置重复区域

(3) 设置显示区域：选中有动态数据的表格，然后选择菜单命令【插入】/【数据对象】/【显示区域】/【如果记录集不为空则显示】，如图 11-69 所示。

图11-69　设置显示区域

发布站点

网页制作完成以后就可以将网页进行发布了，本讲将介绍配置 IIS 服务器和发布站点的基本方法。本讲课时为 3 小时。

(i) 学习目标

◆ 掌握配置 IIS 服务器的方法。
◆ 掌握发布站点的方法。

12.1 配置 IIS 服务器

如果自己拥有 Web 服务器，必须将 Web 服务器配置好，网页才能够被用户正常访问。另外，只有配置了 FTP 服务器，网页才可以通过 FTP 方式发布到服务器供用户访问。微软服务器操作系统中的 IIS 功能是强大的，为了便于介绍，下面以 Windows XP Professional 中的 IIS 为例，介绍配置 Web 服务器、FTP 服务器的方法。不过，Windows XP Professional 中的 IIS 功能是受限的，甚至由于 Dreamweaver CS4 与其兼容性问题，导致制作的应用程序网页有时不能正常运行，读者遇到这种情况，最好使用服务器操作系统中的 IIS 进行测试。

12.1.1 配置 Web 服务器

Windows XP Professional 中的 IIS 在默认状态下没有安装，所以在第一次使用时应首先安装 IIS 服务器，具体方法如下。

1. 将 Windows XP Professional 光盘放入光驱中。
2. 在【控制面板】窗口中选择【添加或删除程序】选项，打开【添加或删除程序】对话框，单击左侧栏中的【添加/删除 Windows 组件（A）】选项，进入【Windows 组件向导】对话框，勾选【Internet 信息服务（IIS）】复选框，如图 12-1 所示。
   如果要同时安装 FTP 服务器，可以继续下面的操作。
3. 双击【Internet 信息服务（IIS）】选项，打开【Internet 信息服务（IIS）】对话框，勾选【文件传输协议（FTP）服务】复选框，如图 12-2 所示，然后单击 确定 按钮，返回【Windows 组件向导】对话框。

图12-1　安装 Internet 服务器（IIS）

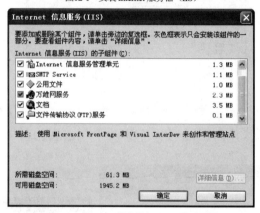
图12-2　【Internet 信息服务（IIS）】对话框

4. 单击 下一步(N) > 按钮，稍等片刻，系统就可以自动安装 IIS 这个组件了。
   安装完成后还需要配置 IIS 服务，才能发挥它的作用。

5. 在【控制面板】/【管理工具】中双击【Internet 信息服务】选项，打开【Internet 信息服务】窗口，如图 12-3 所示。

图12-3　【Internet 信息服务】窗口

6. 选择【默认网站】选项，然后单击鼠标右键，在弹出的快捷菜单中选择【属性】命令，打开【默认网站属性】对话框，切换到【网站】选项卡，在【IP 地址】列表框中输入本机的 IP 地址，如图 12-4 所示。

图12-4　设置IP地址

7. 切换到【主目录】选项卡，在【本地路径】文本框中输入（或单击 [浏览(O)...] 按钮来选择）网页所在的目录，如 "E:\MyHomePage"，如图 12-5 所示。

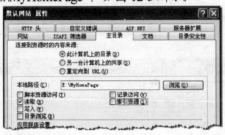

图12-5　设置主目录

8. 切换到【文档】选项卡，单击[添加(D)...]按钮打开【添加默认文档】对话框，在【默认文档名】文本框中输入首页文件名 "index.htm"，然后单击[确定]按钮关闭对话框，如图 12-6 所示。

图12-6　设置首页文件

配置完 Web 服务器后，打开 IE 浏览器，在地址栏中输入 IP 地址后按 [Enter] 键，这样就可以打开网站的首页了。前提条件是在这个目录下已经放置了包括主页在内的网页文件。

12.1.2 配置 FTP 服务器

如果要使用 Dreamweaver CS4 上传文件，而且远程服务器属于自己管理，那么首先要配置好远程服务器上的 FTP 服务器，具体方法如下。

1. 在【Internet 信息服务】窗口中选择【默认 FTP 站点】选项，然后单击鼠标右键，在弹出的快捷菜单中选择【属性】命令，打开【默认 FTP 站点 属性】对话框，切换到【FTP 站点】选项卡，在【IP 地址】列表框中输入 IP 地址，如图 12-7 所示。

图12-7　【FTP 站点】选项卡

2. 切换到【安全账户】选项卡，在【操作员】列表中添加用户账户，如图 12-8 所示。

图12-8 【安全账户】选项卡

3. 切换到【主目录】选项卡，在【本地路径】文本框中输入 FTP 目录，如 "E:\MyHomePage"，然后勾选【读取】、【写入】和【记录访问】复选框，如图 12-9 所示。

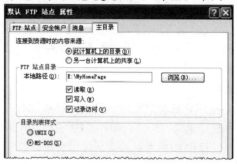

图12-9 【主目录】选项卡中的设置

4. 单击 确定 按钮完成配置。

12.2 发布站点

下面介绍通过 Dreamweaver CS4 站点管理器发布网页的方法，发布之前首先要设置远程信息。

12.2.1 设置远程信息

设置远程信息的方法如下。

1. 选择菜单命令【站点】/【管理站点】，打开【管理站点】对话框，如图 12-10 所示。

图12-10 【管理站点】对话框

2. 在站点列表中选择站点，然后单击 编辑(E)... 按钮打开站点定义对话框。

3. 在【高级】选项卡中选择【远程信息】分类，然后在右侧进行参数设置，如图 12-11 所示。

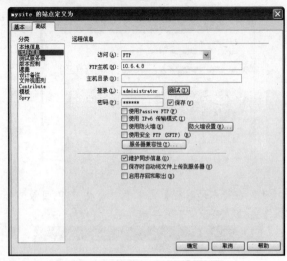

图12-11 设置FTP服务器的各项参数

FTP 服务器的有关参数说明如下。

- 【FTP 主机】：用于设置 FTP 主机地址。
- 【主机目录】：用于设置 FTP 主机上的站点目录，如果为根目录则不用设置。
- 【登录】：用于设置用户登录名，即可以操作 FTP 主机目录的操作员账户。
- 【密码】：用于设置可以操作 FTP 主机目录的操作员账户的密码。
- 【保存】：用于设置是否保存设置。
- 【使用防火墙】：用于设置是否使用防火墙，可通过 防火墙设置(W)... 按钮进行具体设置。

4. 单击 测试(T) 按钮，如果出现如图 12-12 所示的对话框，说明已连接成功。

图12-12 成功连接消息提示框

5. 最后单击 确定 按钮完成设置。

12.2.2 发布站点

在配置好远端信息后，就可以发布站点，方法如下。

1. 在【文件】面板中单击 ⬚ （展开/折叠）按钮，展开站点管理器，在【显示】下拉列表中选择要发布的站点，然后在工具栏中单击 ⬚ （站点文件）按钮，切换到远程站点状态，如图 12-13 所示。

图12-13 站点管理器

2. 单击工具栏上的 ![] （连接到远端主机）按钮，将会开始连接远端主机，即登录 FTP 服务器。经过一段时间后， ![] 按钮上的指示灯变为绿色，表示登录成功了，并且变为 ![] 按钮（再次单击 ![] 按钮就会断开与 FTP 服务器的连接），如图 12-14 所示。

图12-14　连接到远端主机

3. 在【本地文件】列表中，选择站点根文件夹 "mysite"（如果仅上传部分文件，可选择相应的文件或文件夹），然后单击工具栏中的 ![] （上传文件）按钮，会出现一个【您确定要上传整个站点吗？】对话框，单击 确定 按钮将所有文件上传到远端服务器，如图 12-15 所示。

图12-15　上传文件到远端服务器

4. 上传完所有文件后，单击 ![] 按钮，断开与服务器的连接。

12.2.3 同步文件

同步的概念可以这样理解，假设在远端服务器与本地计算机之间架设一座桥梁，这座桥梁可以将两端的文件和文件夹进行比较，不管哪端的文件或者文件夹发生改变，同步功能都将这种改变反映出来，以便让操作者决定是上传还是下载。具体方法如下。

1. 与 FTP 主机连接成功后，可通过以下任意一种方式，打开【同步文件】对话框，如图 12-16 所示。

- 在 Dreamweaver CS4 中选择菜单命令【站点】/【同步站点范围】。
- 在【站点管理器】的菜单栏中选择【站点】/【同步】命令。
- 在【站点管理器】或【文件】面板的工具栏中单击 ![] （同步）按钮。

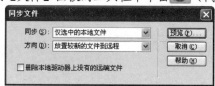

图12-16　【同步文件】对话框

下面对【同步文件】对话框的选项进行简要说明。

- 在【同步】下拉列表中主要有两个选项：【仅选中的本地文件】和【整个'×××'站点】。因此可同步特定的文件夹，也可同步整个站点中的文件。

- 在【方向】下拉列表中共有以下 3 个选项:【放置较新的文件到远程】、【从远程获得较新的文件】和【获得和放置较新的文件】。

2. 在【同步】下拉列表中选择【整个'mysite'站点】选项,在【方向】下拉列表中选择【放置较新的文件到远程】选项,单击 预览(P)... 按钮后,开始在本地计算机与服务器端的文件之间进行比较,比较结束后,如果发现文件不完全一样,将在列表中罗列出需要上传的文件名称,如图 12-17 所示。

图12-17　比较结果显示在列表中

3. 单击 确定 按钮,系统便自动更新远端服务器中的文件。
4. 如果文件没有改变,全部相同,将弹出如图 12-18 所示的对话框。

图12-18　【Macromedia Dreamweaver】对话框

这项功能可以有选择性地进行,在以后维护网站时用来上传已经修改过的网页将非常方便。运用同步功能,可以将本地计算机中较新的文件全部上传至远端服务器上,起到了事半功倍的效果。

12.3　课后作业

1. 在 Windows XP Professional 中配置 Web 服务器。
2. 在 Dreamweaver 中配置好 FTP 的相关参数,然后进行网页发布。